# 酒店设计与布局

## 第三版

华中艺术

高等院校艺术学门类
"十四五"规划教材

■ 主　编　王远坤　蔡文明　刘雪
■ 副主编　张　浩　张大鹏　张超

A R T D E S I G N

华中科技大学出版社
http://www.hustp.com
中国·武汉

## 内 容 简 介

本书首先介绍酒店的历史及酒店的发展，主要是西方酒店业的发展历程，然后介绍酒店设计与布局的审美特征及应用，再系统地分析了酒店设计与布局在各个时期的风格特征，列举了酒店设计与布局的流程及方法，并系统地介绍了酒店设计与布局的材料，最后是国内外酒店设计与布局鉴赏专题研究。

《酒店设计与布局（第三版）》课件（提取码为 qg7b）

**图书在版编目（CIP）数据**

酒店设计与布局 / 王远坤，蔡文明，刘雪主编 . — 3 版 . — 武汉 : 华中科技大学出版社 , 2020.1（2025.1 重印）
高等院校艺术学门类"十四五"规划教材
ISBN 978-7-5680-5985-5

Ⅰ . ①酒⋯　Ⅱ . ①王⋯ ②蔡⋯ ③刘⋯　Ⅲ . ①饭店 – 建筑设计 – 高等学校 – 教材　Ⅳ . ① TU247.4

中国版本图书馆 CIP 数据核字 (2020) 第 023039 号

**酒店设计与布局（第三版）**
Jiudian Sheji yu Buju（Di-san Ban）

王远坤　蔡文明　刘　雪　主编

策划编辑：彭中军
责任编辑：史永霞
封面设计：优　优
责任监印：朱　玢
出版发行：华中科技大学出版社（中国·武汉）　　　电话：（027）81321913
　　　　　武汉市东湖新技术开发区华工科技园　　　邮编：430223
录　　排：华中科技大学惠友文印中心
印　　刷：武汉科源印刷设计有限公司
开　　本：880 mm × 1230 mm　1/16
印　　张：8
字　　数：263 千字
版　　次：2025 年 1 月第 3 版第 6 次印刷
定　　价：59.00 元

编者多年从事酒店空间布局设计、景观建筑设计、园林建筑设计的教学工作，从实际经验与感受出发，编写过程中侧重于理论与实践相结合，选用大量的酒店设计与布局的相关案例，介绍最新的理念，希望能满足目前高等院校开设的相关学科课程的教学参考用书的需求。

酒店设计主要是对酒店室内外空间的装饰设计，目的是营造温馨、舒适的空间环境，供人度假、休闲、娱乐。本书是《酒店设计与布局》的再版，在修订过程中补充了色彩审美的基础知识，删除了部分国内酒店案例，增加了国外酒店案例。

本书首先介绍酒店的历史及酒店的发展，主要是西方酒店业的发展历程，然后介绍酒店设计与布局的审美特征及应用，再系统地分析了酒店设计与布局在各个时期的风格特征，列举了酒店设计与布局的流程及方法，并系统地介绍了酒店设计与布局的材料，最后是国内外酒店设计与布局鉴赏专题研究。国外的酒店设计与布局专题案例比较：一、新加坡滨海湾金沙酒店；二、迪拜亚特兰蒂斯度假酒店；三、芬兰卡克斯劳坦恩酒店；四、土耳其博物馆酒店；五、哥斯达黎加飞机旅馆；六、澳大利亚桑格罗夫庄园酒店；七、泰国大城萨拉酒店；八、盐宫旅馆；九、巴厘岛 Alila 乌鲁瓦图别墅酒店。国内的酒店设计与布局专题案例比较：一、香港 W 酒店专题研究；二、富春山居度假村专题研究；三、杭州西子湖四季酒店专题研究；四、北京颐和安缦酒店专题研究；五、北京五洲皇冠假日酒店专题研究；六、上海和平饭店专题研究；七、南京金丝利喜来登酒店专题研究；八、厦门悦华酒店专题研究；九、武汉江城明珠豪生大酒店专题研究。

由于时间仓促，能力有限，书中难免有缺陷，还望读者批评指正。

编 者
2019 年 11 月

# 目录
## Contents

第一章　酒店设计与布局的概述 ···················· 1

    第一节　酒店的历史与类别 ···················· 2

    第二节　酒店的发展 ···················· 7

第二章　酒店设计与布局的审美 ···················· 11

    第一节　艺术审美概述 ···················· 12

    第二节　酒店设计与布局的审美 ···················· 13

第三章　酒店设计与布局的风格 ···················· 25

    第一节　酒店设计与布局的古典风格 ···················· 26

    第二节　酒店设计与布局的现代风格 ···················· 32

    第三节　现代主义之后的酒店设计与布局风格 ···················· 39

    第四节　后现代主义时期的酒店设计与布局风格 ···················· 41

第四章　酒店设计与布局的流程 ···················· 45

    第一节　酒店设计任务书的分析 ···················· 46

    第二节　酒店设计草案的构思 ···················· 47

    第三节　酒店设计方案的调整与深入 ···················· 48

    第四节　酒店设计方案的招投标书完成 ···················· 48

    第五节　酒店设计施工监理 ···················· 49

第五章　酒店设计与布局的方法 ···················· 53

    第一节　酒店设计与布局草图的绘制方法 ···················· 54

    第二节　酒店设计与布局计算机绘图软件方法 ···················· 54

    第三节　酒店设计与布局综合应用方法 ···················· 55

**第六章　酒店设计与布局的材料** ················································ 57

　　第一节　木质、金属、玻璃、装饰涂料 ································· 58

　　第二节　现代多媒体影音设备 ············································ 61

**第七章　酒店设计与布局鉴赏专题研究** ································ 63

　　第一节　国外的酒店设计与布局专题案例比较 ·················· 64

　　第二节　国内的酒店设计与布局专题案例比较 ·················· 104

**参考文献** ················································································ 121

JIUDIAN SHEJI YU BUJU

第一章

## 酒店设计与布局的概述

**教学要求** ｜ 了解酒店的历史与发展，以及酒店的类别。

**教学重点** ｜ 酒店的历史与发展。

**教学难点** ｜ 酒店的发展。

# 第一节　酒店的历史与类别

## 一、酒店业的衍生和成长

酒店业的衍生和成长分为三个阶段，即原始阶段、成型阶段、成长阶段，如图 1-1 所示。

| 原始阶段 | → | 成型阶段 | → | 成长阶段 |

中世纪到早期工业革命　　　　欧洲工业革命时期　　　　第二次世界大战后

图1-1

### 1. 第一阶段——原始阶段

原始阶段是指从中世纪到早期工业革命（1835 年前）的阶段。该阶段是酒店业的第一阶段，是东方和西方酒店胚芽形成时期。这个时期的交通主要是水路交通和马车交通，这种交通形式决定着酒店的形式，即沿着陆路和水路贸易线而逐渐形成的城市和港口开始有驿站（见图 1-2）和客栈（见图 1-3）。早期的驿站和客栈只提供有限且单一的住宿房间，设有公共卫生间，没有专门的餐厅。

图1-2

图1-3

### 2. 第二阶段——成型阶段

成型阶段是指欧洲工业革命时期（始于 18 世纪 60 年代，结束于 19 世纪末），经历第一次世界大战、世界经济大萧条、第二次世界大战，一直到越南战争才结束。酒店业的成型得益于工业的进步和商业的发展。该阶段以完全依赖于交通业的发展为主要特征，并没有改变基于原始阶段的酒店发展本质。酒店业起源于欧洲，但是成型于崇尚享乐主义的美国。

西方酒店业发展历程较长，酒店服务与管理史距今已经有上百年。西方酒店业最为活跃的时代始于 1908 年，这一时期奠定了现代酒店业的基础，酒店服务与管理在这一时期发生了根本性的变革。"客人永远是对的""饭店从根本上来说，只销售一样东西，这就是服务"等酒店业界的至理名言在这一时期就已经被提出，这说明酒店业的服务理念形成历史久远。这一时期，在酒店服务与管理中已经能运用科学的管理方法，已经建立了标准化服务设施，并实行程序化的服务。从 20 世纪 50 年代开始，酒店便走上了集团化道路，酒店服务与管理科学化、规范化、标准化、个性化，服务与管理水准已上升到较为现代化的水平。

图1-4

相比之下，中国酒店业的真正发展始于 1978 年，是伴随着改革开放的进程而发展的。改革开放 30 多年的时间内，酒店服务与管理基本上从带有很强的政治色彩的招待所（见图 1-4）到合资酒店、旅游涉外酒店（见图1-5）、集团化酒店（见图 1-6）一步步转型，管理逐步由事业单位向企业转变，再逐步向专业化、集团化、集约化经营管理迈进。

图1-5

图1-6

### 3. 第三阶段——成长阶段

成长阶段是指第二次世界大战结束后（1945 年）到现在。这一阶段，酒店业由城市扩展到海边小镇，人们对酒店的需要从商务旅行扩展到度假休闲。在酒店业的成长阶段，酒店业发展的动力机制由单一的贸易转变为集贸易和休闲度假为于一体，如图 1-7、图 1-8 所示。

图1-7

图1-8

## 二、酒店的类别

酒店根据不同的标准可以分为不同的类别。

### 1. 酒店规模分类

酒店的规模大小，反映出酒店的等级及提供服务的项目和等级。按照规模，酒店可以分为小型酒店、中型酒店和大型酒店。

（1）小型酒店。

小型酒店一般拥有100间至300间房间，提供一般性的服务，如客房、餐厅、小酒吧和简单的康乐设施。小型酒店一般价格都比较低廉，适于中下层游客居住。

（2）中型酒店。

中型酒店一般拥有300间至500间客房，是一般旅游者理想的休息娱乐场所。它价格比较合理，服务项目较齐全，设施也比较现代化。一般设有中餐厅、酒吧、康乐中心、健身房等。中型酒店的经营、管理比较容易，经济效益比较可观。

（3）大型酒店。

大型酒店一般拥有500间以上客房。酒店设施和服务项目十分齐全。设施有常年室内温度适中的中央空调系统、建设设施、康乐设施，室内外游泳池，网球场，舞厅，音乐酒吧等，一般配有闭路电视、音响系统、商务使用的海外直播电话，以及各种大小规格的会议厅、谈判室、宴会厅等。服务项目很多，一般拥有计算机预定系统、计算机总服务台系统、各类餐厅、送餐服务、公共服务部等。另外，客房的等级比较齐全，有豪华的总统套房，也有较为豪华的套间、双人间和标准间等。客房内陈设高雅、舒适、方便，能为客人提供豪华的住宿环境。

大型酒店一般又称为豪华酒店。酒店盈利比较高，但是难以管理，必须采用先进的酒店科学管理体系，否则容易在激烈的竞争中亏损和倒闭。

### 2. 酒店选址位置分类

酒店根据其选址位置的不同，可分为城市酒店，郊区酒店，风景区与观光型酒店，路边酒店，车站、港口、航空港酒店，旅游酒店。

（1）城市酒店。

城市酒店是指建造在城市里的酒店，其用途为接待贵宾、商务、旅游、会议、探亲等。城市酒店中还有大量中小规模的经济型酒店，以及条件简单、租金低廉的为大众服务的酒店。

（2）郊区酒店。

郊区酒店是指建在郊区、市郊结合部的酒店及村舍式酒店等，有的是疗养式酒店、汽车酒店。这种酒店的特点是自然气息浓郁，普遍规模偏小，一般为单层或者多层建筑，距离城市中心区有较远的距离，交通需时略长。

（3）风景区与观光型酒店。

风景区与观光型酒店是指选址在风景区边缘、内部，如山坡、海边、湖畔等位置的酒店。这种酒店一般景色优美，自然环境极佳，具有提高生活品质的性质，规模也偏小，多为单层或多层建筑，如度假别墅、温泉疗养地。另外，还有一些酒店经营一些体育项目。

（4）路边酒店。

西方公路交通十分发达，汽车普及的国家有相当数量的路边酒店。路边酒店常是为司机提供食宿的小酒店，特点是能提供充足的停车场地。

（5）车站、港口、航空港酒店。

这类酒店主要供中转旅客使用，具有交通方便、旅客出入频繁、使用周期短的特点。这类酒店背景噪声大，所以在建筑设计中要十分注重隔音设计。

（6）旅游酒店。

旅游酒店是指以接待旅游观光客人为主的酒店，它以住宿、餐饮为主，通常具有轻松愉快的环境、安全舒适的客房和周到的服务。

### 3. 酒店使用目的分类

酒店根据其使用目的的不同，可分为商务酒店、会议酒店、综合中心酒店和酒店综合体、国宾馆及迎宾馆。

（1）商务酒店。

商务酒店是指主要以为商务贸易人员提供食宿为主的酒店。

（2）会议酒店。

会议酒店一般位于城市中心交通便捷之处，且有一定数量的设备先进的大小会议厅，还有国际水平的客房和服务。会议酒店一般配置先进的音响、灯光设备、同声传译设备和分隔设备，以及先进的调光、变光设备。

（3）综合中心酒店和酒店综合体。

综合中心酒店和酒店综合体是指在城市中心新建的由几栋建筑共同组成的综合中心，包括酒店、办公室、公寓、会议室、展览室、商场等，其规模通常较为巨大。

（4）国宾馆、迎宾馆。

国宾馆、迎宾馆是指以接待国宾和富豪为主的高级酒店。西方各国常在城市的豪华级酒店的顶层布置总统套房、皇室套房或是以豪华的宫殿、别墅为国宾馆、迎宾馆；东方国家则多以底层的带本国传统的国宾馆、迎宾馆接待宾馆。

### 4. 酒店经营形式分类

酒店根据经营形式的不同，可分为汽车酒店、公寓酒店、青年酒店、民宿、流动酒店。

（1）汽车酒店。

汽车酒店是指为开车旅游的人士提供住宿的酒店。

（2）公寓酒店。

公寓酒店一般提供套间，内设起居室、小厨房并配冰箱。公寓酒店的租用一般按周、月、年计算。

（3）青年酒店。

青年酒店主要是向青年学生提供廉价住宿的地方。青年酒店的设施简单，如双层床、公共盥洗室、淋浴间、洗衣设备，其内设有厨房、餐厅，配有冰箱和炊具。其特点是规模小、收费低、容易管理。

（4）民宿。

民宿一般由居民自家住宅为基础进行改造而成，通常为客人定期提供家庭式早餐、饭菜，其租金便宜，能吸引希望领略当地居民生活的客人。现在民宿开始体现高端品质的追求。

（5）流动酒店。

流动酒店是指大型旅馆车、篷车或野营车等，车内有卧具、炊具、冰箱、电视机等。

## 第二节　酒店的发展

### 一、世界酒店发展

#### (一) 世界现代酒店的发展史

总体而言，世界现代酒店发展经历了两个阶段，第一阶段为现代商业饭店时期，第二阶段为现代新型饭店时期。

**1. 第一阶段——现代商业饭店时期**

进入 20 世纪后不久，世界上最大的饭店业主埃尔斯沃思·弥尔顿·斯塔特勒为适应旅行者的需要，在斯塔特勒饭店的每套客房设置浴室，并制定统一的标准来管理其在各地开设的饭店，增加了不少方便客人的服务项目。

20 世纪 20 年代，饭店业得到了迅速发展，美国的大、中、小城市，纷纷通过各种途径集资兴建现代饭店，而且汽车饭店也在美国各地涌现。到了 20 世纪 30 年代，由于受经济大萧条的影响，旅游业面临危机，饭店业也不可避免地陷入困境。这一时期，在饭店业兴旺时期开业的饭店几乎尽数倒闭，饭店业受到极大挫折。

现代商业饭店时期，汽车、火车、飞机等给交通带来很大便利，许多饭店设在城市中心，而汽车饭店就设在公路边。这一时期的饭店，设施方便、舒适、洁净、安全，服务虽仍较为简单，但已日渐健全，经营方向开始以客人为中心，饭店的价格也趋向合理。

**2. 第二阶段——现代新型饭店时期**

第二次世界大战结束后，由于经济繁荣，人们手里有钱，交通十分便利，从而引起了对饭店需求的剧增，一度处于困境的饭店业又开始复苏。1950 年后，世界范围的经济发展和人口增长现象开始出现，工业化进一步发展，这增加了人们的可支配收入，为外出旅游和享受饭店、餐馆服务创造了条件。20 世纪 50 年代末 60 年代初，旅游业和商务的发展对传统饭店越来越不利，许多新型饭店出现。现代新型饭店时期，饭店面向大众旅游市场，许多饭店设在城市中心和旅游胜地，大型汽车饭店设在公路边和机场附近。这个时期，饭店的规模不断扩大，类型多样化，开发了各种类型的住宿设施，服务向综合性发展；饭店不但提供食、住，而且提供旅游、通信、商务、康乐、购物等多种服务，力求尽善尽美。

#### (二) 世界现代酒店的发展特点

世界现代酒店在第一、第二阶段呈现以下特点。

（1）世界经济、地区经济与旅游业、酒店业关系密切，呈现出相互促进、相互制约的特点。第二次世界大战以后，世界经济得到飞速发展，旅游业、酒店业也得到了迅速发展，但是当世界经济、地区经济出现经济危机或金融危机时，旅游业、酒店业跟着受到严重影响。

（2）满足特殊需求、提供特殊（个性化）服务的特点。人们的需求越来越多样化，顾客已不满意千篇一律、公式化的服务。为了生存和发展，为了让顾客满意，酒店在市场经济的竞争中按顾客的实际需求，组合产品与服务，提供特殊的、有针对性的个性化服务。这成为近代酒店业发展的一个特点。

（3）现代科学技术广泛应用于酒店业的特点。酒店业为了提高服务质量、提高服务效率、降低成本、提高安全性，更好地开拓地区和国际市场，必须广泛采用现代科学技术。

（4）竞争激烈促进了酒店业与相关行业相互合作发展的特点。生产国际化与资本的国际化进一步促进了经营的集团化与国际化，因此起源于一些经济发达国家的大型企业集团，将进一步向世界扩展，酒店业更是如此。近年来，世界酒店联号之间竞争激烈，相互兼并、联合、重新组合，其结果是酒店联号的平均规模在扩大，出现了一些特大的国际酒店联号。

西方商业性酒店发展阶段一览表如表1-1所示。

表1-1　西方商业性酒店发展阶段一览表

| 西方商业性酒店发展阶段 | 客栈时期（12世纪—18世纪） | 以英国的客栈最为著名。欧洲其他国家，如法国、瑞士、意大利与奥地利等国家的客栈也相当普遍 | 特点：规模小、设备简单，多设在乡间或小镇；服务上，满足住宿者吃饭、睡觉与安全的最基本需求。客栈是独立的家庭生意 |
|---|---|---|---|
| | 大饭店时期（18世纪末—19世纪中叶） | 19世纪于德国的巴登建起的巴典国别墅 | 特点：建在大都市，规模宏大，建筑与设施豪华，装饰讲究；旅馆服务是一流的；服务于王室、贵族、官宦、巨富和社会名流；价格昂贵，住酒店是一种身份、地位乃至权力的炫耀 |
| | | 1850年法国巴黎大酒店 | |
| | | 1885年罗浮宫大酒店 | |
| | | 1876年法兰克福大酒店 | |
| | | 1889年伦敦萨伏依大酒店 | |
| | 商业酒店时期（19世纪末—20世纪50年代） | 1908年，美国建造了斯塔特勒饭店。该饭店在建造、经营与服务等方面有许多创造 | 特点：物有所值；注重经营艺术，以及服务水平的提高；开始向标准化和连锁化运营 |
| | 酒店联号时期（20世纪40年代—20世纪80年代） | 第一阶段：20世纪40年代 | 特点：饭店形态多样化；市场需要多元化；竞争激烈化；品牌国际化 |
| | | 第二阶段：20世纪60年代 | |
| | | 第三阶段：20世纪80年代 | |

### （三）世界现代酒店的发展趋势

兴起于20世纪中叶的信息技术，以计算机、因特网等的发展为标志。信息时代的推进为人们创造出一个虚拟社会，在这个社会里派生出许多新的企业经营管理模式、贸易方式以及新的旅游方式和建筑空间理念。

信息时代的旅馆建筑是以一定的社会技术为支持，以人们既定的工作、生活方式为依据，以赢利为目的的商业性建筑空间。新时代旅馆建筑继承了现代旅馆复杂多样的功能空间，形成网络化的空间系统，加强了其与城市、社会的联系。信息流的介入，产生了虚拟空间，为旅馆的经营管理方式和空间功能深深地打上了信息技术的烙印。信息技术对旅馆建筑发展的影响，具体说来，体现在经营运作、服务管理、空间构成、功能组织等方面。

酒店中庭空间是世界酒店建筑发展的缩影。酒店中庭充当建筑空间与城市空间的媒介。城市旅馆的中庭空间，"就像是一个微观意义上的城市生活的舞台"。在发达国家，波特曼的中庭空间模式已有所淡化，人们更多的是关注建筑与城市空间形态、城市地域文脉、建筑技术以及对高质量人性空间品质的追求。我国建筑师和旅馆管理层亦在努力探索城市旅馆建筑空间功能与城市空间功能的融合与协调发展。

世界酒店建筑的节能意识逐渐加强。建设部（现住房和城乡建设部）副部长仇保兴于2005年2月23日在国务院新闻办公室举行的新闻发布会上指出：我国每年城乡新建房屋建筑面积近 20 亿平方米，其中 80% 以上为高耗能建筑；既有建筑近 400 亿平方米，95% 以上是高耗能建筑。高大的中庭空间，给旅馆带来了特有的气魄，但是如果其中的热、光、声、空气等过多地依靠机械设备，必然会造成能源损耗过大、日常开支增高等问题。对于旅馆建筑来说，发展节能、生态的绿色建筑空间是体现新时代生活方式的重要内容。

## 二、中国酒店发展

功能复杂化是中国旅馆发展的一大特点。旅馆的中庭空间多与主要入口的门厅相联系，形成欲扬先抑的效果。中庭空间集多项功能于一身，成为许多旅馆的标志性空间；除了布置门厅、总服务台、大堂吧、楼（电）梯、休息厅以及行李寄存室、衣帽间、商铺、花店、书店、电话厅等功能空间外，还结合明亮的采光天棚，将室外空间引入室内，如小桥流水、花草树木、奇山怪石等，采用中国传统的园林设计手法，如步移景异、小中见大等，形成尺度宜人、亲近自然、充满活力的空间，满足人们对自然环境向往的天性。中庭空间拥有良好的景观、光照效果和特有的空间氛围，故将多种功能集中于此，既能满足顾客的需要，又提高了空间的利用率，获得了良好的收益。

我国城市旅馆的餐饮空间所占比例要大很多。我国的饮食文化享誉国内外，新时代的生活方式更加追求餐饮的多样性、特色化，除了满足生理上的需要，更多的还要满足心理上的需要。旅馆中的餐饮空间包括中餐厅、西餐厅、厨房、包厢以及酒吧、咖啡吧、茶室等，其面积所占比重目前在我国普遍比国外高许多。

大型宴会厅与小型特色餐厅相结合是新时代我国旅馆的主要特点。鉴于旅馆良好的品牌效应、餐饮和电子声像设备，以及优质的服务水平，旅馆建筑的大型宴会厅成为许多团体举办大型宴会、会议以及个人婚庆仪式等的理想场所。因此，目前大型宴会厅除了传统上的宴会功能外，还兼有会议、展览、观演、教学等多种功能，如北京饭店 C 座大宴会厅，当年国家领导人就是在这里举办新中国成立十周年庆祝活动的。旅馆建筑中的中西特色餐厅、酒吧、茶室等，作为城市休闲空间的一部分，由于其良好的空间标识和周到细致的服务，受到越来越多国内外顾客的青睐，尤其是住店的顾客，人们普遍认为，这类空间能充分满足新时代多样复杂的消费需求。

SOHO 族的出现，将商务、办公空间融入旅馆建筑，形成酒店式公寓。信息时代人类工作领域的变革是 SOHO 族的出现，它一方面使得作为单一功能载体的办公建筑逐渐衰退；另一方面，随着国际互联网技术的普及，人们与外界进行信息交换更多依靠网络，在城市及建筑空间中体现为空间功能边界的模糊。因此，综合居住、商务、办公、娱乐、餐饮、购物等多功能的空间正在逐渐兴起，而旅馆建筑中酒店式公寓多样而复杂的功能空间模式，正好适合新时代人们的空间需要。

JIUDIAN SHEJI YU BUJU

# 第二章
# 酒店设计与布局的审美

# 第一节　艺术审美概述

## 一、艺术审美基础与特征

### 1. 艺术审美基础

审美有客观论和主观论之说。美的客观论认为，美是事物固有的属性，美存在于事物本身。例如，英国政治家伯克道出了客观论的典型观点：所谓美，意指物体中的那种质或那些质，物体借以引起爱或类似于爱的某种激情。美的主观论思想源远流长，毕达哥拉斯的数之和谐美和柏拉图的理念美是其滥觞。毕达哥拉斯认为，内化于人心中的数的秩序构成宇宙万物和宇宙的和谐美；柏拉图用多面体说明世界。这些与其说是对世界的物质基础的探究，不如说是在对称形式中发现世界的审美基础的探究。其后，主观论持有者英国清教徒弗兰西斯·哈奇森认为：把美这个词看作在我们身上引起的观念，把美感看作我们获取这一观念的能力。他不是把美理解成客体的属性，而是理解成观察者对客体的质的审美感知。另外，几位哲学大家也一脉相承：休谟坚持事物中的美存在于沉思它的心智之中，康德把美定义为认识能力的游戏，黑格尔提出美就是理念的感性显现的观点。在现代，持有主观论观点的学者也大有人在。例如，罗斯扎克断言："美是对知识的一种主观添加物，是精神在认知行为之前或之后所提供的装饰。我们应该充分认识到，把审美的质宁可作为对象的纯粹主观的性质，而不愿作为真实的性质的价值。深深地根植于科学化的实在原则是，把量作为客观知识看待，而把质作为主观偏爱的问题处理。"魏扎克甚至把主观论发挥到了极致，他认为大自然中总是存在着神秘的数学，或许这就是美存在的缘由。

### 2. 艺术审美特征

酒店建筑布局艺术是一门与人的生活息息相关的艺术，是为人们创造美的空间形象的艺术。它真正的"价值"来源于欣赏主体和建筑形象相互作用的体验与鉴赏活动，它是欣赏主体在审美过程中体验到的一种主观心理意趣。人们要使自己居住的环境空间更加艺术化，就必须能够发现并感受到建筑艺术的美，能够通过自己的鉴赏活动去充分领略它的魅力。建筑艺术是按照美的规律，运用建筑艺术所独有的艺术语言，使建筑形象具有文化价值和审美价值，具有象征性和形式美，体现出民族性和时代感。建筑艺术以其功能性特点为标准，可分为纪念性建筑、宫殿陵墓建筑、宗教建筑、住宅建筑、园林建筑、生产建筑等艺术类型。总而言之，建筑艺术与工艺美术一样，也是一种实用性与审美性相结合的艺术。

## 二、艺术审美分类

### 1. 造型艺术

造型艺术作为一种艺术形态，主要研究的是人的生存空间与视觉空间的关系，以及视觉方式、视觉造型和表现形式三者之间的关系。从造型艺术所运用的艺术符号可以感知符号的外在形式和这些符号背后所隐藏的整体情感和文化内涵，因此，在造型艺术中广泛存在着符号学的身影。而符号学是一门研究符号和符号语言的学问，其主要研究内容有符号的本质、符号的发展变化规律、符号的意义、符号的运用等。从符号学的角度来综合理解造型艺术，一般有以下几个观点：①造型艺术所运用的艺术符号是一种文化载体，包含人们的文化态度、思维模式和价值观念，运用这些符号就是在表达符号被赋予的文化内涵；②造型艺术中的物体可以看作是被异化的符号，是按一定规则由一些相对固定的符号组成的结构体；③造型艺术中的实物存在是具有艺术的、符号性的能动存在，具有代表性、典型性的语义符号的实物能表达无限的寓意。由此可见，在符号学理论的指导下，造型艺术被赋予了新的生命。

### 2. 表演艺术

表演艺术的范围很广，包括戏剧、舞蹈等艺术形式。这些艺术有着深远的历史渊源和丰富的时代积淀，同时它们又扎根于人们生活中，取材于生活，取悦于大众。随着社会的发展变革及科技的进步，城市在变化，生活方式也在改变，人们的审美习惯和偏好在科技的大浪潮中变得激进。在这样的背景之下，一些存在于剧场中的传统艺术如何适应现代的娱乐需求和大众的审美观，很好地传承下去，就是艺术创作者和表演艺术家要思考的问题。新媒体技术的出现，为这样的僵局打开了一个新的窗口，两者相撞所迸发出的火花，必将点燃观众的热情，赋予表演艺术以新的生命和活力。

现在，很多的表演艺术家都在从事着新媒体表演艺术的创作，他们利用新媒体、信息可视化等方面的技术，从创作上改变了表演艺术的运作方式。新媒体概念的广泛性和创造的多样性，将表演艺术与数字影像艺术、装置艺术、互动艺术等带到了舞台上，让表演艺术精彩纷呈。表演艺术和新媒体艺术的联姻，从另一个角度扩展了前者的范围，模糊了艺术的界限，而这种模糊恰恰是现代社会文化多元性的体现，迎合了人们的审美需求，赋予了表演艺术新的生命。

### 3. 语言艺术

语言艺术是艺术的一个门类，它是运用语言的手段创造审美形象的一种艺术形式。它包括戏剧小品、播音主持、演讲、辩论等艺术形式。它的表达方法有呼吸法、语速法，可以单人、多人、混声等多种形式。一般说来，语言艺术和文学、戏剧等有所不同。语言艺术是精确的、简要的描述问题，进行平等、和谐的交流所必备的艺术形式。

### 4. 综合艺术

综合艺术是戏剧等一类艺术的总称。综合艺术吸取了文学、绘画、音乐、舞蹈等各门艺术的长处，获得了多种手段和方式的艺术表现力，从而形成了自己独特的审美表现形式。它将时间艺术与空间艺术、视觉艺术与听觉艺术、再现艺术与表现艺术、造型艺术与表演艺术的特点融合在一起，具有更加强烈的艺术感染力。

# 第二节　酒店设计与布局的审美

## 一、空间审美

### （一）三维空间审美

三维空间也称为三次元、3D，日常生活中可指由长、宽、高三个维度所构成的空间。在很长的一段历史时期中，三维空间被认为是我们生存的空间的数学模型，当时的物理学家认为空间是平坦的。20世纪以来，非欧几何的发现使得实际空间的性质有了其他的可能，例如闵可夫斯基时空将时间和空间整体地作为四维的连续统一体看待。弦理论问世以后，用三维空间来描述现实中的宇宙已经不再足够，而需要用到更高维的数学模型，如十维空间。

三维空间，也就是人类生活的空间。例如酒店建筑空间就是三维空间。酒店建筑空间本身是环境景观的一个组成部分，空间美从整体上说是服从于周围环境而存在的。酒店建筑作为稳定的、不可移动的具体形象，总是要借助于周围环境才能获得完美的造型表现。在进行建筑艺术处理时，恰当地表现自我，根据整个环境的需要给自己定位，使个体、局部烘托整体，把个体、局部融于环境，在为整体增色的同时表现自我存在的价值，这才是酒店建筑美的根本所在。例如丽江金茂君悦酒店，酒店空间因为外部环境而更加出彩，如图2-1所示。

图2-1

三维空间还包含酒店建筑的内部空间，包含灵动空间之美、虚实空间之美、流动空间之美、序列空间之美。空间处理应从单个空间本身和单个空间与不同空间之间的关系两个方面考虑。单个空间的处理应注意空间的大小和尺度、封闭性、构成方式、构成要素的特征（形状、色彩、质感等），以及空间所表达的意义或所具有的性格等内容。多个空间的处理则应以空间的对比、渗透、层次、序列等关系为主，空间的大小应视空间的功能要求和艺术要求而定，大尺度的酒店大堂需要空间气势壮观，感染力强，以使人耳目一新，如图2-2所示；小尺度的酒店空间较亲切宜人，适合大多数活动的开展。为了获得丰富的建筑空间，设计酒店时应注重空间的渗透和层次变化，主要可通过处理空间分隔与联系的关系来达到目的。被分隔的空间本来处于静止状态，但一经连通，随着相互间的渗透，好像都延伸到彼此之中，打破了原先的静止状态而产生一种流动的感觉，同时也呈现空间的层次变化，如图2-3所示。空间的对比是丰富空间之间的关系、形成空间变化的重要手段。当将两个存在着显著差异的空间布置在一起时，形状、大小、明暗、动静、虚实等特征的对比，将使这些特征更加突出。当将一系列的空间组织在一起时，应考虑空间的整体序列关系，安排穿越路线，将不同的空间连接起来，通过空间的对比、渗透、引导，创造出富有性格的空间序列。在组织空间、安排序列时应注意起承转合，要让空间的发展有一个完整的构思，创造一定的艺术感染力，如墨西哥度假酒店。

图2-2

图2-3

## （二）多维空间审美

自工业革命后，现代建筑设计以崭新的面貌展现在世人的眼前，并且彻底地否定了工业革命前的设计风格。多维空间的出现为酒店建筑的空间感受带来了新的气息，使得酒店空间形象呈现多元之维。

Liepāja温泉酒店的设计在漫长建筑历史中，以公共浴室的空间类型见长，如图2-4至图2-6所示。拱顶在公共浴室建筑设计史上极为重要，也是极富代表性的空间组织元素。它代表着罗马浴室建筑最前沿的建造技术，为无数中世纪奥斯曼帝国浴场创造出昏暗而又神秘的氛围，并一直延续到文艺复兴与巴洛克时期的建筑中去。而在这些建筑之中，拱顶在空间组织与氛围营造中的关系相伴而生，其通过强化空间的向心性与独特性，进一步突出了其下部圆形的重要地位。

凭借着极为高效的空间利用与氛围营造，拱顶受到了希望能够强化君主制、一神论或是独裁统治等中央集权制概念的拥有者的青睐。20世纪初，这种形式因与政治相关而受到了质疑，其古典形式也经过了后现代主义的改良，但法西斯的烙印从未完全从拱顶上洗去。

图2-4

图2-5

图2-6

## 二、色彩审美

### 1.色彩基础知识

（1）色与光的关系。

有光才有色，无光便无色。不同的光线可使同一事物呈现不同的颜色。相同的光线可使相同颜色但不同质感的事物呈现不同的颜色。

（2）色彩的概念。

原色：自身不能被别的色混合而成，而别的颜色却能够由三种基色以不同的比例混合而成。三原色光模式（RGB color model），又称 RGB 颜色模型或红绿蓝颜色模型，是一种加色模型，将红（red）、绿（green）、蓝（blue）三原色的色光以不同的比例相加，可以产生多种多样的色光。

色光三原色是指红、绿、蓝三色，它们对应的波长分别为700 nm，546.1 nm，435.8 nm。光的三原色和物体的三原色是不同的。光的三原色按一定比例混合可以呈现各种光色。色料（颜料）的三原色是指黄（yellow）、品红（magenta）、青（cyan），如图 2-7 所示。

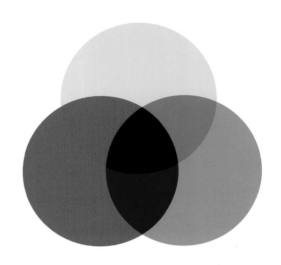

图2-7

（3）色彩分类。

色彩分为原色、间色、复色三类，如图 2-8 所示。在颜色中不能再分解的，并能调配其他色彩的色，称为原色，如红、黄、蓝三原色。由两种原色调配混合而成的色，叫作间色，如红与黄调配为橙色，黄与蓝调配为绿色，蓝与红调配为紫色。复色是由两种间色调制而成的色，如橙配绿为橙绿色等。原色、间色和复色，依次又称为第一次色、第二次色和第三次色，复色也可以叫作再间色。黑、白、灰属于无彩色，而有彩色是无数的，以红、橙、黄、绿、蓝、紫为基本色，可分辨的有 200 万～800 万种。

按照色性分类的话，色彩可以分为冷性色彩（简称冷色）和暖性色彩（简称暖色），如图 2-9 所示。青、蓝、紫等属于冷性色彩，给人以清凉和宁静的感觉；红、橙、黄等属于暖性色彩，给人以温暖、热烈和甜美的感觉。

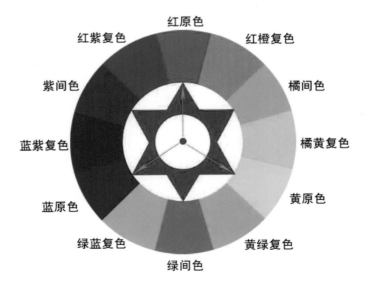

图2-8

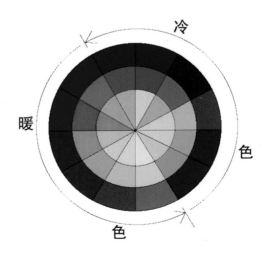

图2-9

（4）色彩三要素。

色彩三要素是色相、明度、纯度。其中，色相是指色彩的相貌，是一个色彩区别于另一个色彩的名称。

色相是指色光由于光波长和频率的不同而形成的特定色彩性质，也有人把它叫作色阶、色别等。按照太阳光谱的次序把色相排列在一个圆环上，并使其首尾衔接，就称为色相环（见图2-10），再按照相等的色彩差别分为若干主要色相，如红、橙、黄、绿、青、紫等。

明度是指色彩的明暗程度，也称亮度、深浅度。明度是指物体反射出来的光波数量的多少，即光波的强度，它决定了颜色的深浅程度。人类的正常视觉对不同色光的敏感程度是不一致的，人们对黄、橙黄、绿色的敏感程度高，所以感觉这些颜色较亮，对蓝、紫、红色的视觉敏感度低，所以觉得这些颜色比较暗。人们通常按从白到灰到黑把颜色划分成若干明度不同的阶梯，作为比较各种颜色亮度的标准明度色阶。

纯度是指色彩的纯净程度，也称饱和度、鲜艳度、彩度、浓度。纯度越高，色越纯。纯度是指物体反射光波频率的纯净程度，单一或混杂的频率决定所产生颜色的鲜明程度。物体色越接近光谱中红、橙、黄、绿、青、蓝、紫系列中的某一色相，纯度越高；颜色纯度越低时，越接近黑、白、灰这些无彩色系列的颜色。

（5）色彩对比。

色彩对比主要是指色彩的冷暖对比。红、橙、黄为暖调；青、蓝、紫为冷调；绿为中间调，不冷也不暖。色彩对比的规律是：在暖色调的环境中，冷色调的主体醒目；在冷色调的环境中，暖色调主体最突出。色彩对比除了冷暖对比之外，还有色相对比、明度对比、纯度对比等，如图2-11所示。

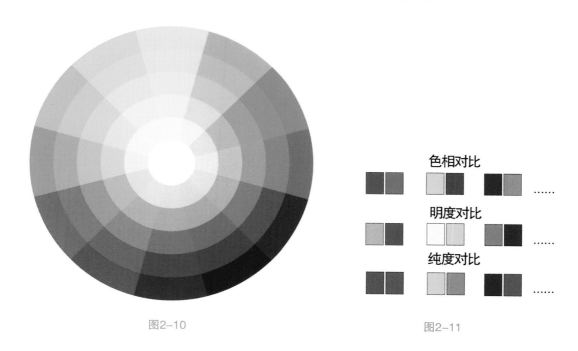

色相对比

明度对比

纯度对比

图2-10　　　　　　　　　　　　　　图2-11

（6）色彩的情感。

不同色相的色彩情感和文化、宗教、传统、个人喜好等多种因素有关。每个色相都可以给人带来不同的色彩情感。同一色相作用于不同的人会产生不同的色彩情感。同一色相在不同的环境中会产生不同的色彩情感。例如：红色调给人热情、欢乐感，具有火热、生命、活力等特征；黄色调给人温暖、轻快感，具有光明、希望、轻快等特征；蓝色调给人冷静、宽广感，具有未来、高科技、思维等特征；绿色调给人清新、平和感，具有生长、生命、安全等特征；橙色调给人兴奋、成熟感，具有华丽、健康、辉煌等特征；紫色调给人幽雅、高贵感，具有深奥、理智、尊贵等特征；黑色调给人高贵、时尚感，具有重量、坚硬等特征。

相同色相但不同明度会产生不同的色彩情感。相同色相，明度越高，越醒目、明快；明度越低，越神秘、深沉、不醒目。

### 2. 色彩在酒店设计中的作用

色彩是酒店设计中最重要的因素之一。它既有审美作用，又有表现和调节室内空间与气氛的作用，而且它能通过人们的感知、印象产生相应的心理影响和生理影响。酒店室内外色彩的运用，能左右人们的情绪，并在一定程度上影响人们的行为活动，因此色彩的完美设计可以更有效地发挥设计空间的使用功能，提高酒店的空间品质。色彩设计在酒店室内外设计中有如下作用。

（1）调节空间感。运用色彩的物理效应能够改变室内空间的面积或体积的视觉感，改善空间实体的不良形象的尺度。

（2）体现个性。色彩可以体现酒店的目标人群。一般来讲，定位年轻人的酒店色彩丰富些，且室内选择暖色调；定位中老年人的酒店色彩，通常选择冷色调，因为他们比年轻人更喜欢安静。

（3）调节心理。色彩是一种信息刺激元素。过多高纯度的色相对比，会使人感到过分刺激，容易烦躁；过少的色彩对比，则会使人感到空虚、无聊，过于冷清。

（4）调节室内温度感。室内温度感随着不同颜色搭配方式变化。在色彩设计过程中，采用不同的色彩方案主要是为了改变人们对室内温度的感受，但季节和地域的气候是循环变化的，因此要因地制宜地根据所在地区的气候常态来选择合适的色彩方案。

（5）调节室内光线。室内色彩可以调节室内光线的强弱，因为不同色彩都有不同的反射率，如白色的反射率为70%～90%，灰色的反射率为10%～70%，黑色的反射率在10%以下。在酒店室内外设计过程中，应根据不同房间的采光要求，适当地选用反射率低的色彩或反射率高的色彩来调节进光量，如图2-12所示。

图2-12

### 3. 色彩应用案例

拥有 168 间客房的 Leman Locke 酒店坐落于伦敦东部正在快速发展中的 Aldgate 地区，其设计延续了 Grzywinski+Pons 事务所一贯的手法，即不断地寻找酒店与居住空间的交汇部分，并利用色彩间的变化和交互，保留酒店居住空间带给人们的未知和新鲜感的同时，为人们带来些许亲切如家般的感觉。下面来体验一下该酒店的色彩设计风格。

酒店大堂背景墙是一片清新又干净的婴儿蓝色调，与旁边灰色的混凝土墙面十分融洽；轻盈而极简的黑色灯饰，仿佛是墙面上的几笔简笔画，如图 2-13 所示。

酒店的咖啡吧在配色和构图上把握得十分到位，唯美而又清新。大片的蓝，有质感的棕，加上几笔可以框定实现的几何线条，整体的布置十分流畅而且舒适，如图 2-14 所示。

图2-13

图2-14

酒店吧台的设计，是淡粉与木质的结合，宛若一位恬静的少女，以好客的姿态在迎接那些渴望放松的旅客。尽管在同一个空间，设计师希望它们都可以带给人们未知的惊喜和新鲜感，如图 2-15 所示。

旋转楼梯在空中划出一道优美的曲线，温柔粉红与刚硬墨黑，碰撞出耐人寻味的质感，让人一眼便能记住这种独特的优雅，如图 2-16 所示。

图2-15

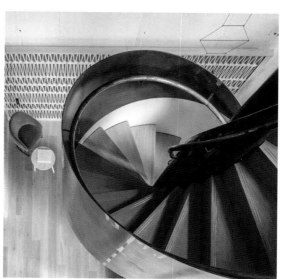
图2-16

## 三、装饰审美

### 1.装饰基础知识

装饰是一种对特定的建筑物或室内物品按照一定的思路和风格进行美化的活动或行业。建筑装饰是建筑物或者构筑物的重要组成部分，其传统功能在于美化。发展到现在，建筑装饰的功能不仅限于美化，更多的是优化。

（1）装饰构造的基本方法。

装饰构造的基本方法主要有现制方法、装配方法、粘贴方法等。其中，现制方法主要是针对各种装饰饰面、幕墙单元体等的；装配方法是将铝合金扣板、石膏板、压型钢板等材料与构筑物之间采用柔性或刚性连接方式；粘贴方法是将成品或半成品材料与建筑物构件粘贴。

（2）建筑装饰的主要内容。

建筑装饰的主要内容包括人体工程学原理应用、建筑装饰的空间组织与界面处理、建筑装饰材料的选择与运用、建筑软装、建筑绿化与庭园设计等。

### 2.装饰在酒店设计中的作用

（1）酒店风格定位。

酒店室内装饰设计是为了满足酒店居住和膳食，为了创造完美的、立体的四维空间形象，以便于客人体会到"宾至如归"的感觉，所以，能否达到实用性与艺术美的相互糅合、完美统一，是衡量环境空间艺术设计水平优劣的基本标准。所谓建筑艺术的创作，正是以实践的态度，以直接借助物质媒介和形体结构特殊的形式，体现一定民族、一个时代、一定社会的审美意识。许多酒店环境的设计将现代主义、极少主义、高技术主义等信奉为唯一设计原则，这也是极错误的发展趋势。我们的生活之所以多姿多彩，正是由于不同的民族背景、不同的地域特征、不同的自然条件、不同历史时期所遗留的文化的不同而造成世界的丰富多样性。从这一点上来讲，越具有地域性也就越具有世界性。酒店的室内装饰设计在功能上要满足使用，与国际接轨，而酒店的审美表现、文化精神、艺术风格及价值趋向则要考虑地域性及文化性的特色。能够反映出时代的印记、文化的象征以及地方特色的酒店环境设计，是一个酒店设计的成功所在。"一方水土养一方人"，让每个酒店环境都能真正成为自己的家园，拥有自己的历史，有自己的审美风格及表现语汇，这样就能创造出和谐而又多姿多彩的酒店室内环境。（见图2-17）

图2-17

（2）酒店功能定位。

一个设计师在开始设计酒店时，首先要弄清的是要建造一个什么类型的酒店，也就是给酒店一个定位。酒店的定位包括：这是一个什么类型的酒店？它的规模是怎样的？它是豪华型的还是中低档的？它是否属于品牌经营？它的星级是什么？它的服务对象是谁？就是说设计前酒店的功能定位一定要明确，绝不能模棱两可。如果计划建造一个五星级酒店，同时又想吸引三、四星级的客人，就属于不合理的定位。设计定要在弄清楚酒店要迎接一些什么样的客人，有多大的建筑面积，同时进行市场分析后进行，这样才会获得良好的设计效果。在建造酒店之初，设计师通常会制订一套设计方案，来表达和说明未来的酒店在此方案的指导下会设计成什么样子。同时当设计师开始真正设计时，一定要坚持认真执行自己的方案，最好不要轻易改变最初的设计构思，否则会导致管理者经营策略的改变，也就是说，这在某种程度上会改变酒店的功能定位。设计是深入酒店经营的方方面面的过程。客房、厨房、客用电梯、互联网等，很多酒店功能的组成部分都应成为设计的重点。

### 3. 装饰应用案例

四季酒店位于日本京都历史城区的中心位置，而餐厅位于该酒店的核心位置。2014年，四季酒店运营团队邀请设计师构思出一个集早餐、午餐、下午茶、晚餐和休闲于一体的餐饮空间。酒店依山傍水，紧邻受联合国教科文组织保护的庙宇和历史悠久的积翠园。餐厅位于大堂和花园之间（见图2-18），是主要的公共空间，并因此成为整个酒店最具代表性的空间。四季酒店设计团队采用了鲜明的建筑策略，汲取京都传统的室内外连接系统，用框景的手法展示户外的景观。酒店北面的花园和餐厅之间狭长的透明立面可以折射那些洒在花园池塘上和林隐间的光线，营造出清幽的禅意。在大建筑框架的定义下，餐厅的整体布局将不同功能的三大部分有机地结合在一起，即休息区、中央吧台与半包厢区和更为私密的就餐区。

餐厅有两个入口，主入口通过引人注目且有雕塑感的楼梯（见图2-19）与二层大堂相连通，以便将顾客引入此充满戏剧性的挑高空间。更为私密的入口则设在放置了日本艺术家藤堂良门石园艺术作品的电梯厅处。休息区既有壮观的9米挑高空间，又有温馨的火炉和地毯等细节。自助餐区随时间的不同可安排不同的功能，在摆放食物和装饰间灵活转换（见图2-20）。吧台采用日本传统技法由整石刻制而成，还有珍贵的长15米的优选木材（见图2-21）。吧台的一端有中央壁炉，较为私密，可享用正餐。这里不仅能保障客人的隐私，还让其拥有欣赏积翠园的绝佳视野。

图2-18

图2-19

图2-20

图2-21

JIUDIAN SHEJI YU BUJU

第三章
酒店设计与布局的风格

# 第一节　酒店设计与布局的古典风格

## 一、西方古典建筑及装饰风格

### 1. 古希腊建筑及装饰风格

公元前 8 世纪，巴尔干半岛、小亚细亚两岸和爱琴海的岛屿上建立了很多小的国家，之后又向意大利等地拓展。这些国家和地区的政治、经济、文化关系密切，总称为古代希腊。古希腊时期可分为 4 个历史时期：①荷马时期（公元前 1200—前 800 年）；②古风时期（公元前 800—前 600 年）；③古典时期（公元前 500—前 400 年）；④希腊普化时期（公元前 400—前 100 年）。

古希腊建筑风格的特点主要是和谐、完美、崇高。而古希腊的神庙建筑则是这些风格特点的集中体现者，也是古希腊，乃至整个欧洲最伟大、最辉煌、影响最深远的建筑。古希腊文化是欧洲文化的摇篮。古希腊建筑也是西洋建筑的先驱，它所创造的建筑艺术形式、建筑美学法则、城市建筑等都堪称西欧建筑的典范，为西洋建筑体系的发展奠定了良好的基础，对全世界建筑的发展都产生了相当大的影响。

古代希腊柱式有三种形式，即陶立克柱式（Doric Order）、爱奥尼柱式（Ionic Order）、科林斯柱式（Corinthian Order），如图 3–1 所示。古罗马建筑师维特鲁威在他的《建筑十书》中记载的希腊故事说，陶立克是仿男人体，爱奥尼是仿女人体，科林斯是仿少女体。这三种基本柱式之间的区别为：陶立克柱式比例粗壮、刚劲雄健、浑厚有力，柱头是简单而刚挺的倒立圆锥台；爱奥尼柱式比例修长，精巧清秀、柔美典雅，柱头是精巧柔和的涡卷。陶立克柱身凹槽相交成锐利的棱角，共 20 个；爱奥尼的棱上还有一小段圆面，共 24 个。科林斯柱式比例细长、纤巧精致、高贵华丽，柱头由忍冬草叶片组成，宛如一个花篮。传说此柱式是纪念当时科林斯市的一个未婚而早逝的少女的，她母亲在她的坟头放了一个花篮，篮中的忍冬草成活后盖住了坟头，甚为美丽，后来人们以此式

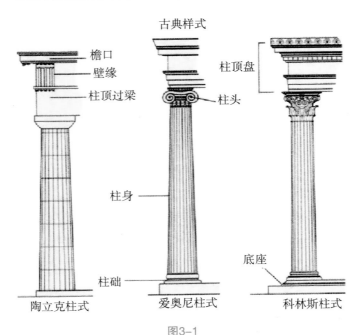

古典样式

檐口
壁缘
柱顶过梁
柱身
柱础
陶立克柱式

柱顶盘
柱头
爱奥尼柱式

底座
科林斯柱式

图3-1

样的柱式来纪念这个少女。

古希腊的柱式不仅仅是一种建筑部件的形式，更准确地说，它是一种建筑规范和风格，这种规范和风格的特点是：追求建筑的檐部（包括额枋、檐壁、檐口）及柱子（柱础、柱身、柱头）的严格、和谐的比例和以人为尺度的造型格式。古希腊对世界建筑的深刻影响主要体现在其经典的建筑形制、完美的艺术形象、严谨的设计原则、成功的技术经验上。古希腊的建筑成就主要体现在木建筑向石建筑的过渡，圣地和庙宇形制的演进，柱式的诞生（三大柱式），纪念性建筑和建筑群完美的艺术形式上，如图3-2所示。

图3-2

### 2. 古罗马建筑及装饰风格

古罗马的历史大致可分为3个时期：伊达拉里亚时期（公元前750—前300年）；罗马共和国时期（公元前510—前30年）；罗马帝国时期（公元前30—公元475年）。

所谓罗马式，是指一种受到古罗马文化影响的欧洲中世纪早期艺术风格，主要表现在基督教的教堂建筑和修道院建筑上。罗马式建筑兴起于公元9世纪至15世纪，是欧式基督教教堂的主要建筑形式之一。罗马式建筑的特征是：线条简单、明快，造型厚重、敦实，其中部分建筑具有封建城堡的特征，是教会威力的化身。古代罗马对世界建筑的贡献主要表现为：在建材方面发明了混凝土；在结构方面创建了多种建筑形制，发展了拱券技术；建立了科学的建筑理论——维特鲁威编写的《建筑十书》；创建了城市供水方式（自来水）；解决了大型公共建筑的空间和功能问题。

十字拱是公元1世纪开始使用的一种拱券形式，即相交的筒形拱。它覆盖在方形的间上，只需要四角有柱子，而不必要连续的承重墙，建筑内部空间得到解放，而且便于开侧窗，有利于大型建筑物的采光，如图3-3所示。它是拱券技术极有意义的重大进步。在古罗马除了沿用陶立克柱式、爱奥尼柱式、科林斯柱式，还创造了两种柱式，即塔司干柱式（Toscan Order，特点是柱身无柱槽）和复合柱式（Composite Order，由爱奥尼柱式和科林斯柱式混合而成，特点是更华丽），如图3-4所示。这5种柱式在当时非常流行，并将柱式设计到拱券结构的

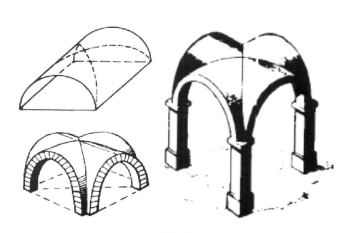

图3-3

建筑物上，柱式细部处理很精致，如图3-5所示。

图3-4

图3-5

古罗马的剧场建筑装饰超豪华：座席半圆形，走道放射形，立面券柱式。其主要代表作有马采鲁斯剧场、奥朗治剧场、阿斯潘达剧场。（见图3-6、图3-7）

图3-6

图3-7

### 3. 拜占庭建筑及装饰风格

"拜占庭"原是古希腊的一个城堡，公元395年，显赫一时的罗马帝国分裂为东西2个国家，西罗马的首都仍在当时的罗马，而东罗马则将首都迁至拜占庭，其国家也就称为拜占庭帝国。

拜占庭建筑将东方与西方的建筑艺术融合在一起。总体来说，其特点可以概括为以下4个。

第一个特点是屋顶造型，拜占庭建筑普遍使用穹隆顶造型。

第二个特点是整体造型中心突出。在一般的拜占庭建筑中，建筑的构图中心十分突出，体量既高又大的圆穹顶即为整座建筑的构图中心，围绕这一中心有序地设置一些与之协调的小部件。

第三个特点是它创造了把穹顶支承在独立方柱上的结构方法和与之相应的集中式建筑形式，其典型做法是在方形平面的4边立券，在4个券之间砌筑以对角线为直径的穹顶。这样，穹顶的重量就完全由4个券承担，从而使内部空间获得极大自由。

第四个特点是在色彩的使用上既注意变化又注意统一，从而使建筑内部空间与外部立面显得灿烂夺目。

拜占庭建筑结构方式的实质性进步在于：使穹顶和方形平面的过渡自然简洁；把荷载集中到四角的支柱上，完全不需要连续的承重墙，穹顶之下的空间变大，并且和其他空间连通，如图3-8所示。

拜占庭建筑的代表是圣索菲亚大教堂。圣索菲亚大教堂东西长77米，南北长71.7米，正面入口处是用环廊围起的院子，院子中央是施洗的水池，通过院子、外门廊和内门廊两道门廊，才能进入教堂中心大厅，如图3-9所示。

图3-8

图3-9

### 4. 哥特建筑及装饰风格

哥特建筑的特点是尖塔高耸、尖形拱门、大窗户及绘有圣经故事的花窗玻璃，并在设计中利用尖肋拱顶、飞扶壁、修长的束柱，营造出轻盈修长的飞天感。如图3-10所示，哥特建筑采用新的框架结构以增加支撑顶部的力量，直升线条、雄伟的外观和教堂内空阔空间，再结合镶着彩色玻璃的长窗，使教堂内产生一种浓厚的宗教气氛。教堂的平面仍基本为拉丁十字形，但其西端门的两侧增加一对高塔。哥特建筑是欧洲中世纪的主要建筑风格。与古罗马建筑造型稳重、线条浑圆相反，哥特建筑以动势取胜，统贯全身、直刺苍穹的垂直线条，锋利的尖顶是其主要特征，是超凡入圣的宗教情绪的集中体现。

英格兰林肯大教堂坐落于林肯市的一处石灰岩高地上，居高临下，俯视全城。正厅中富有特色的天花板，将屋顶的重力分解，通过立柱传导到地面，墙壁上的玻璃玫瑰窗给教堂营造出神秘的气氛，如图3-11、图3-12所示。

图3-10

图3-11

图3-12

## 二、中国古典建筑及装饰风格

### 1. 唐代建筑及装饰风格

唐代（公元618—907年）是中国封建社会经济文化发展的高潮时期，建筑技术和艺术也有巨大发展。唐代建筑的风格特点是气魄宏伟，严整开朗。唐代建筑规模宏大、规划严整，中国建筑群的整体规划在这一时期趋于成熟。唐都长安（今西安）和东都洛阳修建了规模巨大的宫殿、苑囿、官署，且建筑布局规范、合理。长安是当时世界上最宏大的城市，其规划也是中国古代都城中最为严整的，长安城内的帝王宫殿大明宫极为雄伟，其遗址范围比明清故宫紫禁城总面积的3倍还大。唐代建筑实现了艺术加工与结构造型的统一，包括斗拱、柱子、房梁等在内的建筑构件均体现了力与美的完美结合；唐代建筑舒展朴实，庄重大方，色调简洁明快。山西省五台山的佛光寺大殿就是典型的唐代建筑，完美地体现了上述特点。此外，唐代的砖石建筑也得到了进一步发展，佛塔大多采用砖石建造，包括西安大雁塔（见图3-13）、小雁塔（见图3-14）和大理千寻塔在内的中国现存唐塔均为砖石塔。

梁思成先生曾在《记五台山佛光寺的建筑》中诗意地描写了佛光寺，并实证了他一向所抱有的信念：国内殿宇必有唐构。五台山佛光寺平面略图、大殿立面图如图3-15、图3-16所示。

图3-13

图3-14

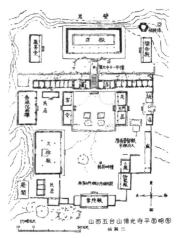

图3-15

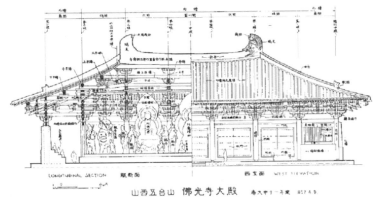

图3-16

### 2. 宋代建筑及装饰风格

宋代建筑一般泛指公元960—1279年的北宋及南宋境内的建筑。一如以往的朝代，宋代建筑继承着前朝的建筑传统。宋代在经济、手工业和科学技术方面都有较大发展，这使得宋代的建筑工人、斗拱体系、建筑构造与造型技术达到了很高的水平，当时的建筑方式也日渐趋向系统化与模块化，建筑物慢慢出现了自由多变的组合，并且绽放出成熟的风格。宋代建筑采用减柱法和移柱法，即梁柱上硕大雄厚的斗拱铺作层数增多，甚至采用了不规则的梁柱铺排形式，跳出了唐代梁柱铺排的工整模式，如图3-17所示。宋代建筑物的类型多样，其中杰出的建筑多是佛塔、石桥、木桥、园林、皇陵与宫殿。由于注重意境的园林设计，特意追求把自然美与人工美融为一体的意境，所以这一时期的建筑一改唐代雄浑的特点，建筑物的屋脊、屋角采取起翘形式，大量使用油漆，且窗棂、梁柱、石座的雕刻与彩绘的变化十分丰富，柱子的造型更是变化多端。宋代在建筑设计方面取得以下两项成绩。一方面，宋代的建筑文献《营造法式》（见图3-18）对施工和度量的描述非常深入，比以前的文献更有组织，为后世朝代的建筑提供了可靠依据。另一方面，朝廷设立了专门负责建筑营造及相关的官职与机构——将作监以掌管宫室建筑，使建筑技术的传承更加系统。

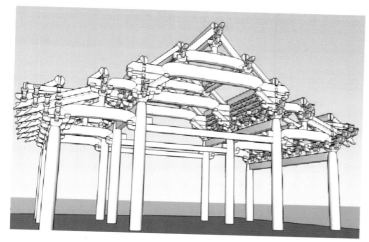

图3-17

图3-18

### 3. 清代建筑及装饰风格

清代建筑的艺术风格有很大改变。宋代、元代以来，传统建筑造型上所表现出的巨大的出檐、柔和的屋顶曲线、雄大的斗拱、粗壮的柱身、檐柱的生起与侧脚等特色逐渐退化，稳重、严谨的风格日趋消失，即不再追求建筑的结构美和构造美，而更着眼于建筑组合、形体变化及细部装饰等方面的美学形式。例如，北京西郊园林、承德避暑山庄、承德外八庙等建筑群的组合，都达到了历史上的最高水平，显示了建筑匠师在不同地形条件下灵活而妥善地运用各种建筑体型进行空间组合的能力，也表现出他们高度敏锐的尺度感。清代单体建筑造型已不满足于传统的几间几架简单长方块建筑，而尽量在进退凹凸、平座出檐、屋顶形式、廊房门墙等方面追求变化，创造出更富有艺术表现力的形体，如承德普宁寺大乘之阁、北京雍和宫万福阁、拉萨布达拉宫、呼和浩特席力图召大经堂等，如图3-19、图3-20所示。

清代建筑艺术在装饰艺术方面更为突出，多表现在彩画、小木作、栏杆、内檐装修、雕刻、塑壁等方面。清代建筑彩画突破了明代旋子彩画的窠臼，官式彩画发展成为和玺、旋子和苏式彩画三大类，再细分的话还有金龙和玺、龙凤和玺、大点金旋子、小点金旋子、石碾玉、雅伍墨、雄黄玉、金琢黑苏画、金线苏画、黄线苏画、海墁苏画等区别，分别画在不同建筑的不同部位。彩画工艺中又结合沥粉、贴金、扫青绿等手法来加强装饰效果，更使建筑外观显得辉煌绮丽、多彩多姿。门窗类型在清代明显加多，而且门窗棂格图案更为繁杂，与明代简单的井字格、柳条格、枕花格、锦纹格不可同日而语。

图3-19

图3-20

# 第二节　酒店设计与布局的现代风格

## 一、英国工艺美术运动

### 1. 英国工艺美术运动的特征及理论探索

英国工艺美术运动是在工业革命这个特定背景下产生的。英国是工业革命的先行者，是最早完成工业革命的国家，也是最早展示工业革命成果的国家。富有意味的是，英国最先出现了一场复兴手工艺的运动——英国工艺美术运动，其产生与当时英国的民族主义、自由主义、复古主义和浪漫主义的兴起是密不可分的。英国工艺美术运动的哲学基础来源于这样一个主张，即认为工业革命摧毁了整个社会的情感、道德与生活。它产生的动机反映在思想和社会层面，它的美学价值来源于一种信念，即一个时代的艺术、建筑也是那个时代所造就的。英国工艺美术运动设计思想的出现与当时整个英国社会的经济文化状况、审美思维方式是密不可分的。

英国工艺美术运动设计思想的形成、发展与转型经历了一个漫长而复杂的过程。19世纪末，威廉·莫里斯发起的英国工艺美术运动标志着英国工艺美术运动设计思想的形成。为了促进手工艺术的发展，英国于1882年至1888年先后成立了5个团体——世纪行会、艺术工作者行会、家庭艺术与工业行会、手工艺行会和英国工艺美术展览协会，这些团体将英国工艺美术运动推向了高潮，共同促进了英国工艺美术运动设计思想的进一步发展。随着英国工艺美术运动设计思想影响的日益广泛，查尔斯·阿什比、查尔斯·沃依齐和威廉·里萨比通过自己的作品与理论对英国工艺美术运动设计思想提出了质疑："毕竟我们是生活在'现代'，我们不应该拒绝机器"。应该说，正是他们的思想的深刻性，让英国工艺美术运动的设计思想成功转型——走出"中世纪"，走进"现代"。也正是从这个层面看，英国工艺美术运动走出了现代设计的第一步。图3-21、图3-22是英国工艺美术运动的代表性的家具设计风格和居室设计风格。

### 2. 英国工艺美术运动对酒店设计与布局的影响

英国工艺美术运动对酒店建筑、酒店布局产生了深远的影响，对工艺品设计的影响最为突出，因为它促进了产品的艺术化，使建筑内部极大地丰富起来。当时的英国普遍持有这样一种观点：英国虽然在技术方面领先于别国，但英国没有充分注意到产品的设计问题，市场对消费品的大规模需求导致了审美标准的降低。英国国会非常

图3-21

图3-22

担心英国的设计水准会影响到贸易水平，于是国会在1835年决定成立一个艺术暨工业特别委员会来讨论并解决其产品设计问题。艺术暨工业特别委员会借鉴了法国的设计发展道路，即主张艺术与工业联姻。在这种设计思路的影响下，出现了像亨利·科尔这样的"艺术产品"大师，但却抵挡不住来势汹汹的批量生产，绝大部分产品只能交给工厂的技工来处理。由于技工"太缺乏一定的艺术修养，缺少道德确定性"，他们把哥特式纹样刻到铸铁的蒸汽机上，在金属椅子上用油漆画上木纹，在纺织机器上加上大批洛可可风格的饰件，以致产品要么生搬硬套一种图案，要么几种风格杂乱堆砌，使得产品毫无生气、烦琐至极、庸俗不堪。

## 二、新艺术运动

### 1. 新艺术运动的特征及理论探索

在19世纪和20世纪这个新旧交替的时代，正是欧洲发展进入"加速度"的年代，工业革命所引发的工业文明彻底地颠覆了延续千年的农业文明，民主思想开始向封建等级制度提出挑战。正是在这种社会变革的背景下，一种新的艺术形式——新艺术运动风格被创造并迅速蔓延，对整个欧洲和美国的文化产生了重要的影响，新艺术运动风格也因此被许多批评家和欣赏者看作艺术和设计方面最后的欧洲风格。

"新艺术"这个词是由德国出身的艺术商人萨姆尔·宾所创设的，他将其在巴黎普罗旺斯街开张的画廊取名为"新艺术"，以强调画廊的现代特点。这家展品风格多样、风格前卫的画廊成为展现新艺术作品的一个窗口。"新艺术"一词也逐渐被人们所承认，最后在艺术史上定位。这场兴起于19世纪末20世纪初的艺术运动大约从1880年持续到1910年，历时近30年。新艺术运动从法国开始发展，后蔓延到荷兰、比利时、意大利、西班牙、德国、奥地利、斯堪的纳维亚半岛，乃至俄罗斯，甚至越过大西洋影响到美国，成为一个影响广泛的国际设计活动。虽然新艺术运动的波及范围和所涉及的内容非常广泛，但在不同国家却呈现出不同的特点和风格，也有着不同的称谓。如法国人就因其简洁、朴实而称之为"现代风格"，在苏格兰因"格拉斯哥学派"的设计而称为"格拉斯哥"风格，在德国以宣传新艺术的主要刊物《青年》的创刊而称为"青年风格"，在比利时因新艺术团体"自由美学协会"的成立而称为"自由美学"风格，在奥地利因与传统相分离而称为"分离派"，美国则称其为"芝加哥学派"，在西班牙则以安东尼·高迪充满幻想和想象力的建筑为代表而称为"年轻风格"。虽然名称不同，但对于所有的设计师来说，新艺术运动的目的是打破传统的风格并接受新的美学形式来革新设计。新艺术运动的设计师们虽然并没有完全接受工业生产的新形式，但已经明确地接受了工业革命所形成的新审美趣味。

新艺术运动留给人们印象最为深刻的是它的装饰特征和表现手法。《世界美术词典》在"新艺术"的词条中这样写道："它以流畅、优雅、波浪起伏的线条和轮廓为主，其形状、纹理甚至色彩都从属于这些特征。线条常常被化成像'鞭绳'一样，因为它弯曲交缠，首尾难辨。"人们沉迷于奥勃利·比亚兹莱清晰、优美的线条和强烈对比的黑白色块所构建的充斥着罪恶的激情和颓废格调的另类世界，以及阿尔夫斯·默哈充满象征主义的朦胧神秘色彩和对情色的优雅而暧昧的表达；叹服于安东尼·高迪建筑具有的无穷力量、块状动感和独特的构想，以及勒内·拉利克精妙的创意和精心雕琢的工艺……而忽略了这场运动打破传统风格的勇气和对新的美学形式的革新，以及对后来的"现代主义"在精神和思想方面产生的巨大影响和贡献。

**2. 新艺术运动对酒店设计与布局的影响**

由于新艺术运动的产生受到了19世纪60年代英国工艺美术运动的直接影响，因此它们有很多共同点，例如都是对矫饰的维多利亚风格和其过分装饰风格的反对，都是对工业化风格的强烈反对，都旨在重新掀起对传统手工艺的重视和热衷，也都放弃传统装饰风格的参照而转向采用自然中的一些装饰构思（见图3-23、图3-24）。新艺术运动延续和发展了英国工艺美术运动的自然植物造型，并从传入欧洲的东方文化中汲取灵感，但它们之间也有不同点，英国工艺美术运动热衷于中世纪的哥特风格，把哥特风格作为一个重要的参考和借鉴，而新艺术运动则完全放弃了所有的传统装饰风格，彻底走向自然风格，强调自然中没有完全的平面，在装饰上突出表现曲线、有机形态，且装饰的构思基本来源于自然形态观。

"形式追随情感"是美国著名的青蛙设计公司所提出的，它强调用户体验，突出用户精神上的感受。它认为消费者购买的不仅是产品，消费者通过让人赏心悦目的形式购买包含其中的价值、经验和自我意识。它指出好的设计是建立在深入理解用户需求与动机的基础上的，设计者用自己的技能、经验和直觉将用户的这种需求与动机借助产品表达出来，体现了一种情感诉求（诸如尊贵、时尚、前卫或另类等）。

图3-23

图3-24

现代社会中，商品制造者们已经意识到：人的物质消费是有一定限度的，而人的精神需求却是无限的。在这里，消费者的情绪和情感对于其消费需求具有某种放大作用，但情感性消费不一定指向挥霍无度的高消费，而是指向人与自然相和谐的、具有人情味的生活。

## 三、现代主义

### 1. 德国工业同盟对酒店设计与布局的影响

1907 年，德国成立了一个由政府资助的设计协会——德国工业同盟，即世界上第一个设计协会。世界上最早的三个设计协会，都是由政府资助的，第一个就是德国工业同盟，另外两个分别是 1946 年成立的英国设计委员会和 1952 年成立的日本工业设计师协会。德国工业同盟是一个半民间半公立的机构，民间的意思就是设计师的组织，公立的意思就是由政府拨款，它有如下几个功能。

第一个功能是把工业同盟变成一个产业界与设计界的桥梁，企业找不到设计师，设计师找不到顾客，那么工业同盟就是双方交汇的地方，起到桥梁的作用。

第二个功能是一个资讯中心。当时没有互联网，能够起互联网作用的就是工业同盟，它里面有一个资料室，收集了全世界当时能够拿到的最新资讯、照片、蓝图和说明文字，德国所有设计师如果要找资料，就到柏林的德国工业同盟来找，这样德国的设计师就变成对全世界设计了解最透彻的人。

第三个功能是对展览的支持。所有的发达国家都有设计大展，工业设计大展中最出名的就是意大利工业设计协会设置的金罗盘奖展览、威尼斯双年展。德国工业同盟就积极组织大展，鼓励设计者参展，一方面教育民众，另一方面刺激设计发展。

第四个功能是做巡回展览，教育民众。德国工业同盟把最好的设计作品拉到全德国城镇乡村不断地巡回展览，今天是海报展，明天是家具展，所以德国民众早在 20 世纪初就有一个国家组织的巡回教育活动。德国工业同盟把约翰·拉斯金的艺术教育梦想变成了现实，在设计教育、民众教育、设计活动方面都有进行，影响了全世界。

纵观现在的酒店设计市场，一些国际著名品牌或设计事务所大多所属欧美，而且各类设计大展如米兰国际家具展、米兰国际时装周或世博会等展览的主办国也大多在欧美国家，当地的受众群可以不断地接触到新颖的设计作品，使得设计者之间、参观者之间以及设计作品和参观者之间都得到了一个多元的交流机会，受众群很容易、很自然地就会形成良好的艺术氛围，促进整体设计水准的提高。

### 2. 荷兰风格派运动对酒店设计与布局的影响

风格派源于荷兰的一支绘画风格流派，它对设计界的影响巨大。设计界的风格派运动是荷兰现代主义设计的开端，也是早期现代主义设计运动的重要组成部分。兴起于 20 世纪初期的荷兰设计艺术运动，主张纯抽象和纯朴，外形上缩减到几何形状，颜色只使用红、黄、蓝三原色，这种运动就是风格派运动。因其创始人彼埃·蒙德里安曾以"新造型主义"为题发表论文，故人们又把风格派称为新造型主义风格。风格派运动的设计风格是用极简单的方法来表现新材料，即风格派设计师把风格派绘画艺术的极其简洁有序的造型、色彩和线条的形态应用到建筑、服装、家具等方面的设计中，强调结构第一的原则，为经典现代主义设计运动奠定了思想基础。

荷兰风格派运动自身的发展过程大体可划分为两个阶段：新造型主义和元素主义。新造型主义的主要代表是彼埃·蒙德里安。他主张认识自然的内在结构规律，展示对象所隐藏在表象的"纯粹的实在"。这种对世界重新认知的美学观念为风格派运动提供了认知的抽象工具和思维模式。元素主义代表人物是特奥·凡·杜斯伯格，元素主义反对过分教条地使用新造型主义，主张以一种故意不稳定和不平衡的对角线图式来代替彼埃·蒙德里安新造型主义那种均衡的结构。特奥·凡·杜斯伯格主张"少风格"（style-less），以期能够找到更加简单的元素来设计表现，他的这种观念对现代主义及国际风格产生了极大影响。

风格派运动对酒店设计的影响主要有以下4个方面的内容。

（1）元素的解析。把传统艺术或设计作品中所有具象特征完全剥除，变成最基本的几何结构单体或元素。用极简手法应用元素，用高度抽象的几何结构理性地表达客观对象所潜藏的内在本质，是整个风格派作品的显著特点。（见图3-25）

图3-25

（2）元素的构成关系。当事物被解析为某些元素时，物体原有的具象造型结构随之湮灭，因此"新的观察方式"必然需要寻找物体新的造型结构。在新的构成组合中，元素保持着相对的独立性和鲜明的可视性。

（3）色彩应用的极致简单。色彩不仅赋予了图式的视觉意义，对于风格派而言，色彩更赋予画面以精神意义。红、黄、蓝三原色的应用使其作品表达的内在精神更为直接、精确。（见图3-26）

（4）非对称的均衡。风格派认为，真正的视觉艺术应该是通过有机的运动而达到高度的平衡，在不平均但平衡的对抗中找到平衡，在弹性的艺术中找到平衡点。

### 3. 俄国构成主义设计运动对酒店设计与布局的影响

俄国构成主义设计运动是现代设计史上最具影响力的设计运动之一，它从思想深度和探索范围来讲可以与包豪斯和荷兰风格派运动相媲美，并且保持了与西方前卫艺术界的紧密联系。构成主义的核心思想是反对为艺术而艺术，主张艺术为无产阶级政治服务，反对单纯的绘画，并认为艺术的最高宗旨就是它的社会功能性。

现代主义设计运动是从革命出发，影响到各个设计领域，真正的、完整的现代设计运动。现代主义设计运动

图3-26

兴起于 20 世纪初，是从建筑设计发展起来的，源于欧洲一批前卫的设计家、建筑家推动的新建筑运动。这一运动产生了一批建筑和设计的改革先驱，最重要的代表有德国的瓦尔特·格罗皮乌斯、密斯·凡·德罗、勒·柯布西耶、阿尔瓦·阿尔托、弗兰克·赖特，还有一些俄国和荷兰的先驱。

在教育上，瓦尔特·格罗皮乌斯在早期就有社会主义乌托邦的思想，并且其在拉兹洛·莫霍利·纳吉任教于包豪斯期间受到构成主义的影响，这促使包豪斯教学思想转变，进而促使包豪斯教学的进一步发展。

在建筑上，密斯·凡·德罗也在 1923 年通过和埃尔·李西斯基在《基本造型的资料》这本杂志的合作过程中，了解到俄国构成主义的思想，并受到极其深刻的影响。之后，密斯·凡·德罗发展这一思想，并将其运用到之后的设计创作中。如 1923 年的钢筋混凝土结构写字楼的设计项目，这是一座四四方方的多层钢筋混凝土办公楼方案，这一方案反映出密斯·凡·德罗思想的变化，即从高层到多层、玻璃到钢筋混凝土、曲线或棱柱到方形的转变。另外，从其同年设计的砖结构农村建筑项目等也能明显地看出他受到了早期构成主义影响。勒·柯布西耶因受到俄国构成主义的影响，并经过自己的探索，成为现代主义的重要奠基人之一。

在平面设计上，拉迪斯拉夫·苏特纳的平面设计与俄国构成主义的平面设计非常接近，他试图通过设计来表达自己要把构成主义灌注到生活中去的理想。他的书籍设计充满了强烈的俄国构成主义特点，对当时捷克斯洛伐克的平面设计界产生一定的影响。构成主义对 20 世纪的平面设计一直存在影响，卡西米尔·马列维奇和彼埃·蒙德里安对纯粹的、直线的构造执着，以及对均衡和理性的追求，都成为日后现代主义平面设计的基础。

在工业设计上，埃尔·李西斯基主持下的莫斯科教育学院的金属和木制品车间发明了一套生产设计方法。车间的工作集中于设计标准型的多功能家具，其形式的简化和空间的经济利用反映了当时材料的匮乏和住房的紧缺。

在实现标准设计中，"工作青年艺术联盟"是唯一成功的，这一联盟从1928年起生产了各种桌、椅、凳、柜等家具，它们被作为一种出自群众而不是职业艺术家之手的无产阶级艺术而广为流传。从艺术上讲，俄国构成主义是抽象的反现实主义，但它在造型和构图的视觉效果方面进行的实验和研究是有价值的，它所做的实验和探索对现代建筑及工业设计起到了积极的推动作用。

### 4. 美国装饰艺术运动对酒店设计与布局的影响

美国装饰艺术运动时期的主要成就体现在建筑与室内设计方面。从纽约发起的装饰艺术运动一开始就与法国的不同，它比较讲究恢宏、壮丽的气派，同时也混杂了美国大众艺术、通俗文化的一些要素，具有自己独特的面貌。第一次世界大战以后，美国财源充足，国力鼎盛，建筑业发达。装饰艺术风格正好适应了美国新兴富裕中产阶级的口味，这种新的设计方式在建筑上被强烈地体现出来。从20世纪20年代开始，美国建筑家们开始尝试采用新的建筑材料，特别是金属和玻璃。装饰艺术风格在纽约的发展，就是装饰动机与新材料的混合运用。

纽约电话公司大厦是纽约最早的装饰艺术风格的建筑代表。该建筑建成于1926年，成为装饰化特征明显的作品。稍后，该电话公司的纽瓦克大楼内部采用了更加典型的壁画和墙面装饰，大厅中使用磨石子的墙板，更加接近于法国的装饰艺术风格。对装饰风格影响较大的是1930年完工的克莱斯勒大厦。该建筑高度超过305米，曾一度是纽约曼哈顿地区最高的大楼。虽然这座大楼也是20世纪20年代晚期较重视功能的典型的商业大楼，但其富有特色的装潢使这栋大楼成为装饰艺术运动的经典作品。建筑顶部由七层楼和金属覆盖的长圆顶构成，每一层都由相叠的拱形结构组合而成，最上面开有以耀眼的镍铬钢材为框的三角形天窗。各个天窗组合形成阳光放射形图案，尖顶高耸入云，在阳光下闪闪发光，是装饰艺术运动风格最好的纪念碑。建筑的第59层墙角处立有鹰形兽嘴，第31层带翼暖炉盖，虽不如宏伟的圆顶抢眼，但使整栋大楼的轮廓给人以深刻的印象。最引人注意的是大楼顶端由27吨不锈钢制成的尖塔，它使得大楼高度超过318米，比埃菲尔铁塔还要高。室内的电梯门、邮箱等设计，采用耀眼的金、银及对比强烈的色彩组合，运用直线、方形、三角形、圆弧等造型方法，简洁中显出豪华，也是明显的装饰艺术风格。

### 5. 包豪斯对酒店设计与布局的影响

20世纪初，德国经济颓败，亟待扩大生产力。另外，工业革命后机器的出现引发社会生产方式的变革，生产材料变得经济廉价且丰富多样，批量化的生产使得人们不满足于形态雷同的机械化制品，对精神层面上的"美"的追求越发强烈，直到包豪斯的诞生。包豪斯实现了技术与艺术的统一，提出了全新的功能观，包含实际功能、心理暗示功能和标准化审美功能。包豪斯在讲求实用功能的基础上强调设计所带来的社会经济效益，将室内设计艺术中的"美"上升为一种带有共产主义色彩的、服务于大众乃至整个社会的"善"的高度。包豪斯是社会变革的产物，它所倡导的功能主义思想是扎根于德国土壤的，其价值体现在敢于突破传统、顺应历史发展的潮流。

包豪斯的功能主义不单纯是一种风格，正如密斯·凡·德罗于1953年所说：包豪斯是一种理念。它是一种如何在现代社会条件下发展设计艺术的指导方法，它所取得的成就在历经多年后经久不衰、仍然被证明是成功的，所以得到了人们的重视。在工业化的大背景下，包豪斯正是顺应了那个时代的发展潮流，并不断地在否定自己和解决问题中探索一种"好的形式"，实行工厂化的教学或是生产模式，把艺术家和工匠的关系紧密联系在一起，解决了功能与美的矛盾，实现了技术与艺术的统一。在当下这个信息化时代的社会里，包豪斯仍然会继续发展，无数的人依然在实践着包豪斯"艺术与技术的新统一"的观念，功能主义还将不断地被重新定义，并赋予它新的内容，不断地调整发展方向，这种随着时代变化而不断改变和发展自己的理性思维就是我们所倡导的包豪斯精神。中国的室内设计也应当把这种精神作为一种信仰、目标或是方向，只有让室内设计顺应潮流，与当下科技、信息、文化等因素相适应，才能取得自身的长足发展。

# 第三节　现代主义之后的酒店设计与布局风格

## 一、意大利设计

### 1. 意大利设计的特征

意大利设计的丰厚遗产、独特气质及国际声誉为"意大利制造"带来了难以估量的附加值与吸引力。简单地用"风格"描述意大利设计显然过于偏狭。詹皮耶罗·博索尼恰当地提出用"意大利方式"一词去理解意大利设计，它意味着一种制作方式、一种思考方式和"用这种方式来理解和解读人类习惯和生活方式变化，并对这些变化的反应和应对能力"，这种能力与意大利本身的历史、手工艺传统、现代艺术成就密不可分，也依托于科技创新。

### 2. 意大利设计对酒店设计与布局的影响

意大利设计的特征表现在 3 个方面，这 3 个方面的设计主张很大程度上影响了后来的酒店设计与布局的特征。

第一个设计主张是科技创新也就是工业领域的科技研发，通常被很多人认为是生产未来生活所需的工业产品不可或缺的条件。

第二个设计主张是物品的形态学问题并不自动地取决于科技和功能，而是一种对自主的美学象征性价值的独立研究。这种研究可能会与物品的制造过程和实用性保持连贯，能够传导其所处时代的特征。

第三个设计主张是用品和与它们相关的空间的类型学演变。在被确定在生产和商业系统里的类型之前，用品和与之相关的空间形态取决于对不断演变的"生活方式"的表现雏形的极端精细化研究。"生活方式"是人们生活和居住的方式，在电视和各种演绎里可以感受到人们的日常"礼仪"、实践和功能的不断变化，这些变化基于不同社会类型里越来越快的节奏、不同的当地特色和不断深入的全球化进程。

## 二、日本设计

### 1. 日本设计的特征

日本设计的发展进程大致可以分为 4 个阶段，20 世纪 50 年代开始起步，20 世纪 60 年代形成自己的风格，20 世纪 70 年代大肆占领国际市场，20 世纪 80 年代成为不可阻挡的潮流。短短几十年，日本设计取得了令世界瞩目的成就。

20 世纪 50 年代是日本设计的起步期，这一时期基本上是全盘吸收欧美工业发达国家的经验、方法和技术。早在 1947—1951 年，日本举办美国生活文化展览、设计与技术展等一系列展览，促使日本工业设计协会（JIDA）于 1952 年成立，并于同年举办新日本工业设计展。1957 年，国际工业设计协会联合会成立，日本工业设计协会作为会员国加入该国际机构。这些为日本工业设计的快速发展，打下坚实的基础。

20 世纪 60 年代，日本开始在设计中融入本民族的风格，这引起了国际设计界的瞩目。1961—1963 年，日本工业设计协会分别参加了在意大利、巴黎举行的国际工业设计协会联合会大会，其设计进入国际范围。1964 年，具有世界权威的美国《工业设计》杂志、瑞士的《造型》杂志都刊出了日本工业设计专辑，系统地介绍了日本工

业设计的状况和成就。同年举办的东京奥运会使日本工业设计获得很高的国际声誉，以龟仓雄策为代表的一批设计师有机会在世界舞台展示他们的才华。以此为契机，日本设计家开始确定他们的国际地位。20世纪70年代，日本的工业产品大肆占领国际市场，家用电器品牌有索尼、三洋、夏普、松下，照相机品牌有尼康、理光、佳能、奥林巴斯，摩托车品牌有铃木，汽车品牌有三菱、丰田、本田等。这些品牌都具有精良的质量和高品质的外观设计，因价廉物美而享誉全球。20世纪80年代之后，日本设计界更加高瞻远瞩，继欧美之后，日本成为国际上新的设计中心。

#### 2. 日本设计对酒店设计与布局的影响

酒店设计与布局需要借鉴日本设计中的两个方面。

（1）国内、国外两大设计范畴。

日本是一个具有悠久历史的东方国家，其设计无论从传统角度还是从民族的审美立场来说，与西方设计相比都有很大的区别。二战之后，日本埋头学习西方，为了赢得国际市场，不得不大力发展其国际主义的、非日本化的设计。与此同时，日本的设计界也非常注意在设计发展时保护传统的、民族的部分，使国家的、民族的、传统的精华不至于因为经济活动、国际贸易竞争而受到破坏和损失，因此，日本的设计在发展之初就形成了针对海外的和针对国内的两个系统。针对国外市场的设计，往往采用国际能够认同的国际形象和设计方式，以争取广泛的理解；而针对国内的设计，则依据传统的方式，包括传统的图案、布局，特别是采用汉字作为设计的构思依据，得到广大日本人民的欢迎和称赞。这两个系统的设计都取得了良好的效果。随着日本经济的强盛和国际地位的提升，设计家又将二者结合起来，以满足日本的市场需求。

（2）传统文化与西方因素的融会贯通。

日本虽极力学习欧美，其现代艺术、设计和文化也受到西方文化的深刻影响，但日本的设计家并没有对西方的设计亦步亦趋，而是在国际风格、流行的西方风格与日本的民族设计风格中寻找结合。日本的民族绘画、民族传统设计风格、民族文化观念、民族的审美立场、民族的文字，都在一定水平上得到保存和发展。通过与现代设计的结合，日本设计特立独行于国际设计界的正是这种独特的个性和民族风格，因此，日本的产品除高新技术、价廉物美之外更增添了传统文化的美感。

## 三、美国设计

#### 1. 美国设计的特征

有着优良创新设计环境的美国，其设计前期都有充分的用户调研阶段，有专门的设计研究机构运用设计解决生活问题，以用户为中心的观察研究方面也已比较成熟。美国有很多优秀的设计都是基于问题解决的，如自动开合如花苞的马桶刷设计，当使用者拿出刷子准备使用时，花苞会由于刷子的提起而自动打开，并维持打开状态，马桶刷使用完放进去后由于重力作用又恢复到自动闭合状态，这种设计干净卫生，使用起来也方便。

美国的设计是基于生活研究、满足用户使用需求、为生活提供便利的设计，真正是为了解决使用问题，提高生活质量，因此自然而然地做到了原创。美国设计师的大部分设计使用起来都让人感觉很人性化、很有独创性。从他们的设计过程中可以发现，他们在设计之初就有很详细的市场及用户调研，而不是坐在办公室内完成的。

#### 2. 美国设计对酒店设计与布局的影响

美国设计具有以下3个方面的特征，这3个方面的特征对酒店设计的前期调研提供新思路，对人性化、特色化的酒店设计产生影响。

1）设计出发点——问题

设计要发现问题并针对问题提出有效解决方案，有效地发现病症、问题才能对"症"下药。从问题发现（给用户生活、产品使用把把脉）入手，进行基于问题解决、满足用户需求的新产品开发，才能真正提升自主创新能力，而客观、有效地发现问题就成为产品创新设计至关重要的第一步。如果"脉"把得不准，方案再"炫"也解决不了问题；反过来，如果能从"脉"入手，针对问题进行设计解决方案构思，才能有独特的风格，真正做到自主创新。只有不断地发现和解决生活中的问题，生活质量才会有实质性的提高，产品设计才能真正地创新。

2）"把脉"方法——发现问题

问题的发现是设计的起点和动机，甚至是灵感的来源。设计师的首要任务就是认清问题的所在，并且做到问题的发现、分析要真实、客观，那么如何做到这一点呢？"纸上得来终觉浅，绝知此事要躬行。"问题的发现、设计点的挖掘，不是网上搜索、东拼西凑就能解决的，设计师应该走出工作室、离开电脑，深入现场生活，"观察"用户操作，站在用户角度体验产品，这才是有效地了解问题的途径。美国在用户研究、问题发现方面有很完善的方法与理论，如对产品设计、知识产权保护普及较好，公众愿意参与采访及调研。在问题发现方面也应该针对实际情况进行有效的设计，在观察、体验、交谈等发现问题方面要灵活机动，可以从以下4个方面进行。

（1）观察。在不影响用户工作的情况下，到实地观察用户的使用状况，可通过视频录制、照片拍摄等方式搜集资料，以备后期研究使用。

（2）交谈。与用户等相关人员交流时，注意聆听用户的想法与观点，通过询问的方式，引导客户有效地反馈使用状况。注意问题的巧妙设计，可通过录音、笔录等方式进行用户调研。

（3）动手拆解。通过动手拆解、组装产品，了解产品的结构与组件。

（4）体验。通过操作等方式亲身体验产品使用状况，如可通过身上绑重物模仿关节炎患者、手脚不便者，眼镜上涂上颜料模仿有眼疾者等站在用户角度的方式，更真实地体验用户的身心状态，获得更真实的信息。通过以上方法了解用户需求，熟悉产品，研究用户的身体行为方式、生活方式和心理活动方式，给现有产品、用户使用情况把脉，努力做到信息搜集的客观性、有效性，并有效地提炼出产品问题所在或发现用户需求，把解决问题作为设计的出发点，不断实践与尝试。

3）设计创新——基于问题，超出想象

根据问题提出有效的解决方案，可以更好地满足用户需求。有时候，人们并不一定知道他们具体需要什么，很多人善于接受，但缺乏批判与创新意识。这就要求设计师要有能根据用户的言谈、举止、生活状态等发现他们潜在需求的能力，并能提出一些超出他们想象的方案。总体来说，根据问题进行的设计才是有的放矢，才是有用和有意义的。

## 第四节　后现代主义时期的酒店设计与布局风格

### 一、后现代主义设计的特征及理论探索

#### 1. 后现代主义设计的特征

1）后现代主义产生的背景

现代主义到20世纪60年代末期、70年代初期受到挑战。挑战有两个不同的来源：一个是求新求变的新生代

对于一成不变的单调风格的挑战，造成各种装饰主义的萌发；另外一个是对于设计责任的重视而提出的调整要求，造成了现代主义基础上的各种新的发展。

2）后现代主义设计的特征

反对设计单一化，主张设计形式多样化；反对理性主义，关注人性。主张以游戏的心态设计；强调形态的隐喻、符号和文化的历史，注重设计的人文含义。设计大量、创造性地运用符号语言，将产品的功能与人的生理、心理及社会、历史相结合；关注设计作品与环境的关系，意识到设计的后果与社会的可持续发展问题，设计更为人性、绿色、环保。

英国建筑评论家查尔斯·詹克斯在《后现代建筑语言》一文引言中给后现代主义建筑的定义是，"一座后现代建筑至少同时在两个层次上表达：一层是对其他建筑师以及一小批对特定的建筑艺术语言很关心的人，另一层是对广大公众，当地的居民，他们对舒适、传统房屋形式以及某种生活方式等问题很有兴趣……最有特色的后现代主义建筑显示出一种标志明显的两元性，意识清醒的精神分裂症"。

3）后现代主义设计的开端

日本设计家山崎宾1954年设计的，位于美国中部城市圣路易的一系列低收入住宅"普鲁蒂－艾戈"的命运代表着国际主义设计的结束和后现代主义设计的兴起。该建筑于1972年7月15日的下午2：45分被炸毁，如图3-27所示。

图3-27

## 2. 后现代主义与现代主义的比较

阿道夫·路斯于1910年设计的斯坦纳住宅，简单朴素，符合现代主义建筑的特点。他在1908年写的《装饰与罪恶》一书，坦诚地提出了反对装饰的立场，认为简单的几何形式的、功能主义的建筑符合广大群众的需求，建筑的精神应该是民主的、大众的。他的思想影响了欧洲新一代的青年建筑师，促进了现代建筑设计运动的形成。瓦尔特·格罗皮乌斯于1911年设计的法古斯工厂是世界上第一个完全采用钢筋混凝土、玻璃幕墙的建筑，这一建筑的设计创造了新的建筑美形式，体现了结构和材料的一致性，也适合建筑的使用功能要求。他创立的包豪斯，成为集欧洲现代建筑设计运动思想大成中心。他于1925年设计了包豪斯校舍，高度地强调了功能原则，体现了现代建筑设计在当时的最高成就。20世纪30年代，包豪斯主要领导人和学生移居美国，把包豪斯的影响发展成为一种新的设计风格——国际式风格，从而影响全世界。彼得·贝伦斯设计的透平机车间采用钢筋混凝土及部分玻璃幕墙结构，建筑立面如实地反映了机器生产过程要有充足阳光的需求，因此被西方称为第一座真正的现代建筑。

勒·柯布西耶在《走向新建筑》一书中，赞美工业化大生产，提出要像生产飞机、轮船一样建造建筑，建筑师要为所有的普通人研究建造房子。

现代主义设计与后现代主义设计的区别较为明显，如表3-1所示。

表3-1　现代主义设计与后现代主义设计的比较一览表

| 范　畴 | 现代主义设计 | 后现代主义设计 |
| --- | --- | --- |
| 哲学的 | 理性主义 | 浪漫主义、个人主义 |
| 历史的 | 工业革命为基础 | 后工业社会为基础 |
| 思想的 | 强调功能、技术 | 强调人在技术层面的主导地位 |
| 方法的 | 标准化、高效率 | 遵循人性、个性化 |
| 设计语言 | 功能决定形式 | 多元化、模糊化、文脉性 |
| 艺术风格 | 构成主义、抽象主义 | 波普艺术、行为艺术 |

## 二、后现代主义建筑

### 1. 后现代主义建筑特征

查尔斯·詹克斯提出走向后现代建筑的6种表现形式：①从历史主义到新折中主义；②从直接复古到变形复古；③新乡土；④个性化＋都市化＝文脉主义；⑤隐喻和玄学；⑥后现代空间。

### 2. 后现代主义建筑对酒店设计与布局的影响

后现代主义建筑美学的中心思想，是要否定既有建筑艺术的规律性和逻辑性，是要表现后现代主义文化所反映的客观世界。"文化已经大众化，高雅文化与通俗文化、纯文学与通俗文学的距离正在消失。商品化进入文化，意味着艺术品正在成为商品，甚至理论也成为商品"，真可谓是"杂、假、俗、旧"。后现代主义建筑理论赞成含义丰富，反对用意简明，既要含蓄的功能，也要明确的功能；否定建筑设计理性，主张设计不必完善，追求怪诞的形式，否认建筑设计固有的形式美的基本原则，运用不同比例与尺度的符号进行堆砌、重叠；在文字上打着弘扬传统的旗号，扭曲传统文化的精神及其蕴涵深沉文化积淀的象征寓意，即打着传统的旗号否认传统文化，鼓励建筑形式与功能彻底分家。

JIUDIAN SHEJI YU BUJU

# 第四章
# 酒店设计与布局的流程

**教学要求** 了解酒店设计与布局的流程。

**教学重点** 酒店设计任务书的分析，酒店设计草案的构思，酒店设计方案的调整与深入，酒店设计方案的招投标书完成，酒店设计施工监理。

**教学难点** 酒店设计草案的构思，酒店设计方案的调整与深入，酒店设计方案的招投标书完成，酒店设计施工监理。

# 第一节　酒店设计任务书的分析

## 一、酒店设计要求的分析

酒店设计对于城镇而言，不仅能展现其所处城市的历史文脉及文化氛围，能凸显城市的地域特色、民族特色和城市个性，有助于提升城市的品位和地位，还能为城市景观增添绚丽的色彩；而对于酒店的使用者而言，一个好的酒店设计方案不仅能够最大限度地满足社会发展的需要，满足客人的使用需求，在给人与自然及人与人之间的活动及沟通提供完善的空间及场所的同时，它的环境和氛围还能丰富人们的精神世界，提升人们的艺术审美水平。布鲁诺·陶特曾说过，"建筑的目标在于创造完美，也就是创造最美的效益"，因此，赋予酒店生命的建筑设计师们若想将这种设计的价值附加在酒店身上并使其大放异彩，为酒店注入新鲜的血液与发展的经济效益和社会效益，就必须在掌握好专业设计技能和全面的文化知识的基础上，了解酒店业最新的发展动向与前沿动态，这是赋予酒店强大生命力的重要前提与基本保障。

## 二、酒店环境条件的调查分析

对于酒店环境条件调研来说，掌握清晰、合理的调研方法是深入理解酒店内部与外部条件的关键。当今，日新月异的科学技术为酒店环境调研提供了多样的技术支持，调研手段日益丰富，人们对酒店环境各种现象的剖析能力也日渐加强。但需要注意到，无论是在酒店建筑室内外设计项目的实践过程中，还是在相关领域的理论探讨上，酒店环境条件调研往往被看作是具体行为，是对酒店环境条件中具体现象、具体问题的调查与研究，而很少有人将其看作一个理解酒店环境条件的整体性的思辨过程，并在方法论层面对其进行系统性的思考。方法论研究的缺失无法帮助人们清晰、合理地组织具体调研行为，难以明确诸多调研成果之间的内在关联，继而增大了理解酒店环境条件调研的难度。

## 三、相关资料的调研与搜集

通过国内外新文献、新期刊、新报道等多种渠道进行信息的收集与研究工作，可以全面、正确、有效地总结当代酒店建筑设计的发展趋势与前沿较新动态，主要的参考资料有如下几个方面。

国外酒店设计参考书籍有托马斯·赛克斯编著的《酒店建筑》，劳伦斯·亚当斯等编写的《酒店设计规划与发展》，高木干朗编写的《宾馆·旅馆》；国内酒店空间设计参考书籍有《旅馆建筑设计》《顶级新酒店》《无界3：多样化的商务酒店》等。另外还有以图片为主的新酒店及酒店设计的新趋势的案例集，如《Architecture and Interiors Design by Studio Gaia》《Arts Hotel》《新法国酒店设计》《酒店新概念》《旅行从客房开始》等。知名专业杂志有美国的《Hotel Design》。

国内外知名建筑设计资源网站如表 4-1 所示。

表4-1　国内外知名建筑设计资源网站

| 网站名称 | 网址 |
| --- | --- |
| 建筑中国网 | http://www.archina.com/ |
| 筑名导航 | http://www.archiname.com/ |
| 知筑导航 | http://www.archi123.com/ |
| | https://divisare.com/ |
| | http://www.architectureweek.com/ |
| | https://www.architecturalrecord.com/ |
| | https://www.bdcnetwork.com/ |
| | https://bustler.net/ |
| | https://www.dezeen.com/ |
| | https://www.world-architects.com/en |

另外，知名的酒店建筑设计事务所有 Zaha M.Hadid（哈迪德）、基姆斯卡彭特、日本建筑师小岛一浩、堪坡、Arquitectonica 事务所等。

# 第二节　酒店设计草案的构思

## 一、多种创意概念的构思与比较

密斯•凡•德罗曾说过：“形式不是设计的目的，形式只是设计的结局。”

建筑创新就是通过巧妙的艺术构思、渊博的科学知识、丰富的实践经验、熟练的技术技巧，并正确运用设计法则，结合建筑形体与使用功能及内外空间，以精确的尺度、适宜的比例，将形、神、意、涵、光、色、点、线、面、形体，有机地、协调地糅合成统一整体，创造出优美的环境与丰富的空间，使建筑具有独特风格。

## 二、多种草图方案的勾勒与比较

建筑设计的流程如下：第一步是任务分析，包括设计要求的分析、内外环境条件的调查分析、经济技术因素分析、相关资料的调研与搜集；第二步是构思，包括设计立意、方案构思、多方案比较；第三步是调整方案，深化方案。

从建筑设计的流程可以看出，多方案比较是整个酒店设计的第二步，多方案的比较有利于通过多方案博弈保留最合理的方案，并在此基础上进行深入的建筑设计。

# 第三节　酒店设计方案的调整与深入

## 一、酒店设计方案的调整

酒店设计方案的调整主要有文献述评、实例分析、学科综合3种方法。

（1）文献述评。许多学者从不同角度、不同层次对建筑设计方法进行研究，因此，设计酒店方案时可以查找、梳理和评判建筑设计方法的理论及相关研究成果。通过全面查阅书籍、期刊、会议材料、硕博士论文和互联网中国内外关于建筑设计方法的学术文献，可以为研究奠定丰富的理论基础。

（2）实例分析。运用所研究的理论，对典型实例进行分析。同时，通过分析相关实例，印证所研究的理论，从而形成理论和实践相结合的研究方法。

（3）学科综合。酒店方案设计时不仅要对建筑学理论进行研究，还要综合哲学、美学、心理学、思维科学、社会学、工程学等多个相关学科。只有借鉴这些学科的研究成果，才能综合研究建筑设计方法理论。

## 二、酒店设计方案的深入

酒店设计方案的深入应该用调研的方式进行。在初步方案确定之后，需要进一步论证设计方案的功能、建筑外立面、建筑内部装饰，分析设计方案的合理性。解决调研发现的问题是很有效的深入设计的方式，可以将用户可能发生的活动与建筑师的专业知识结合起来形成合力，共同作用在设计方案的深化中，可以很有效地细化、优化设计方案。

# 第四节　酒店设计方案的招投标书完成

## 一、酒店设计方案的招投标定稿

招投标采购方法是市场经济下资源配置的有效手段，市场经济国家的大额采购活动基本上都是采用了招投标的方法，它具有公开、公平和公正的特点。研究酒店招投标机制设计的理论及应用，对指导酒店设计方案招投标的采购方法在实践中的正确使用具有重要意义。

招投标的过程也是一个招投标各方之间的博弈过程，招投标各方都会在此过程中采取一些策略和行为来最大化自己的利益。对于招投标过程中投标方的竞争者的人数问题，费尔德曼在他提出的模型中认为竞争者个数与他们的意图、合同的规模等因素有关。他认为，可以把历史上的竞争者的个数与相应的投标方的关于以前报价的成本估计绘成图，从图中就可以看出二者是否有显著的关系。如果二者的关系是显著的，则投标方可以利用成本估计从回归方程中估计竞争者的个数。费尔德曼进一步认为，投标者的个数还服从 Poisson 分布。盖茨认为竞争者的个数与成本估计值无关，这与费尔德曼的观点正好相反。招投标按竞争程度分为低、中、高三种类型，不同类型下，投标人数的规律不同。

## 二、酒店设计方案的招投标汇报

招投标汇报得体，事半功倍；汇报不当，事倍功半。如何增强汇报工作的艺术性，既完成工作，又赢得评委对方案的认可呢？应做好以下两点。

### 1. 言简意赅概括主旨，让评委知晓方案的核心理念"是什么"

一是梳理汇报 PPT。向评委汇报之前，应将汇报的工作仔细梳理一下。有任务书材料的，要吃透吃准任务书，做到心中有数；没有任务书材料的，要打好腹稿，理好脉络，分清层次，充分做好汇报准备，确保汇报时有的放矢。二是简要汇报主要内容。向评委汇报时，要用精练的语言概括来龙去脉，提纲挈领，纲举目张，让评委在最短的时间内知晓前因后果和轻重缓急，对方案有大致了解。三是提醒关键环节和注意细节。简明扼要向评委汇报完主要内容后，要向评委进一步汇报需要注意的关键环节和具体细节，如完成时限、具体标准等，让评委有进一步的认识和理解，使汇报环环相连、丝丝相扣。

### 2. 结合实际拟订方案，让评委知晓"为什么"是这样设计

一是拟订科学方案。汇报之前，应根据汇报任务要求，结合工作实际，多拟订几套备选方案，供评委遴选。要力戒不明就里式汇报，完全将决策任务推给评委，评委一问三不知，再研究再汇报，导致汇报效率低下。二是仔细阐述记录。向评委汇报备选方案时，不仅要汇报方案的具体内容，还要汇报拟订方案的初衷、根据等，提高汇报的科学性。同时，认真记录评委对方案的审批意见，采纳哪一条方案，做了哪些改动或是否提出新的方案，要全面记录，不要漏掉任何一个细节。

## 第五节　酒店设计施工监理

## 一、酒店设计施工图

施工图按种类可划分为建筑施工图、结构施工图、水电施工图等。施工图主要由图框、平立面图、大样图、指北针、图例、比例等部分组成。目前，我国的施工图画法已趋于成熟。

### 1. 建筑施工图的组成部分

建筑设计是整个建筑专业的龙头，没有建筑设计作为基础，其他建筑专业就无从谈起了。进行建筑设计工作时，首先要能看懂建筑施工图，了解建筑施工图的组成。建筑施工图大体上包括以下部分：图纸目录、门窗表、

建筑设计总说明、单层平面图、正立面图、背立面图、东立面图、西立面图、剖面图（视情况，有多个）、节点大样图及门窗大样图、楼梯大样图（视功能可能有多个楼梯及电梯）。作为一位建筑结构设计师，我们必须认真、严谨地将建筑图理一遍，不懂的地方需要向建筑及建筑图上涉及的其他专业人员请教，要做到绝对明了建筑设计的构思和意图。

### 2. 图纸目录

图纸目录是了解整个建筑设计整体情况的目录，从中可以明了图纸数量及出图大小和工程号，还可以了解建筑单位及整个建筑物的主要功能。如果图纸目录与实际图纸有出入，必须与建筑设计师核对情况。

### 3. 建筑设计总说明

建筑设计总说明对结构设计是非常重要的，因为建筑设计总说明中会提到很多做法及许多结构设计中要使用的数据，比如建筑物所处位置（结构中用以确定设防烈度及风载雪载），黄海标高（用以计算基础大小及埋深桩顶标高等，没有黄海标高，根本无法施工），墙体做法、地面做法、楼面做法等做法（用以确定各部分荷载）。总之查阅建筑设计总说明时不能草率，这是结构设计正确与否非常重要的一个环节。

### 4. 建筑平面图

建筑平面图比较直观，主要包括柱网布置及每层房间功能、墙体布置、门窗布置、楼梯位置等。而一层平面图在进行上部结构建模中是不需要的（有架空层及地下室等除外），一层平面图是在做基础时使用的，这里不详述如何做结构设计，只讲如何看建筑施工图。建筑结构设计师在看建筑平面图的同时，需要考虑建筑的柱网布置是否合理，不当之处应说服建筑结构设计师修改，需要了解各部分建筑功能，需要了解柱网及墙体门窗的布置。另外，层面是结构找坡还是建筑找坡也需要了解清楚。

### 5. 建筑立面图

建筑立面图是对建筑立面的描述，主要是反映建筑外观的效果图，其提供给建筑结构设计师的信息主要有门窗在立面上的标高布置和立面布置，以及立面装饰材料和凹凸变化。通常情况下，有线的地方就有面的变化。另外，层高等信息也是对结构荷载的取定产生影响的数据。

### 6. 建筑剖面图

建筑剖面图的作用是对无法在建筑平面图及建筑立面图上表述清楚的局部剖切进行描述，以表述清楚建筑设计师对建筑物内部的处理。建筑设计师能够在建筑剖面图中得到更为准确的层高信息及局部地方的高低变化，剖面信息直接决定了剖切处梁相对于楼面标高的下沉或抬起，或是错层梁，或有夹层梁、短柱等。建筑设计师要对窗顶是框架梁充当过梁还是需要另设过梁有一个清晰的概念。

### 7. 节点大样图及门窗大样

建筑设计师为了更为清晰地表述建筑物的各部分做法，以便施工人员了解其设计意图，需要对构造复杂的节点绘制大样以说明详细做法。这不仅要通过节点图进一步了解建筑设计师的构思，更要分析节点画法是否合理，能否在结构上实现，然后通过计算验算各构件尺寸是否足够，从而配出钢筋。当然，有些节点是不需要建筑结构设计师配筋的，但建筑结构设计师也需要确定该节点能否在整个结构中实现。门窗大样对建筑结构设计师的作用不是太大，但个别特别的门窗，建筑结构设计师须绘制立面上的过梁布置图，以保证施工人员正确认识这种造型特殊的门窗过梁并做到正确施工，避免造成理解错误。

### 8. 楼梯大样图

楼梯是每一个多层、高层建筑必不可少的部分，也是非常重要的一个部分。楼梯大样图又分为楼梯各层平面图及楼梯剖面图，建筑结构设计师需要仔细分析楼梯各部分的构成，确认其是否能够构成一个整体。在进行楼梯计算的时候，楼梯大样图是唯一的计算依据，所有的计算数据都取自楼梯大样图，所以，建筑结构设计师在看楼梯大样图时，必须仔细观察梯梁、梯板厚度及楼梯结构形式。

## 二、酒店现场施工监理

施工监理是指监理单位受业主的委托，在业主授权范围内代表业主对工程施工进度、质量、投资、安全等进行控制并对工程合同和信息进行管理，以及协调参建各方关系的一系列监督管理活动。施工监理的职责有如下几个方面。

（1）组织领导项目监理处人员贯彻执行有关的政策、法规、标准、规范和公司的各项规章制度，对履行委托监理合同负全面责任；

（2）对监理处人员的工作进行领导、协调和监督检查；

（3）负责监理处内部人员的分工，将其授予各专业监理工程师的权限以书面形式通知被监理方；

（4）主持编写项目工程监理规划，审查各专业监理实施细则；

（5）组织审查施工承包商提出的施工组织设计方案、施工技术方案、施工进度计划及现场安全生产和文明施工措施；

（6）审核和确认总承包商提出的分包商；

（7）在监理的过程中，代表公司对外联络与协调，做出相关决定，并对所做出的决定负责；

（8）负责协调工程项目专业之间的主要技术问题，保证工程项目总体功能的先进、合理，充分体现设计意图；

（9）审核并签署工程开工报告、停工令、复工令；

（10）主持处理合同履行过程中的重大争议和纠纷，组织处理索赔事宜；

（11）检查工程的质量、进度和投资的实际控制情况，验收分项、分部工程，签署工程款付款凭证和分部工程质量等级意见；

（12）主持审核工程结算，签署工程竣工资料；

（13）组织工程竣工预验收，签署建设监理意见，参加工程竣工验收；

（14）主持编制、审核、签收监理月报；

（15）督促整理合同文件和监理档案资料，并对档案资料的完整性、真实性负责；

（16）主持编写项目工程监理总结。

JIUDIAN SHEJI YU BUJU

# 第五章

# 酒店设计与布局的方法

**教学要求** 了解酒店设计与布局的方法。

**教学重点** 酒店设计与布局草图的绘制方法，酒店设计与布局计算机绘图软件方法，酒店设计与布局综合应用方法。

**教学难点** 酒店设计与布局草图的绘制方法，酒店设计与布局计算机绘图软件方法，酒店设计与布局综合应用方法。

# 第一节　酒店设计与布局草图的绘制方法

## 一、临摹经典酒店的设计与布局

按照原作仿制经典酒店设计与布局作品的过程叫作临摹经典酒店的设计与布局。临，是照着原作写或画；摹，是用薄纸（绢）蒙在原作上面写或画。临和摹各有长处，也各有不足。在书法布局的临摹上，"临书易失古人位置，而多得古人笔意；摹书易得古人位置，而多失古人笔意"。意思是说，临容易学到表现，可是不容易学到间架结构；摹容易学到间架结构，可是不易学到笔画。从难易程度来说，摹易临难。不管是临还是摹，都要以与范字"相像"为目标，从"形似"逐渐过渡到"神似"。酒店设计与布局的临摹如同书法一样，需要有过渡过程。

## 二、写生经典酒店的设计与布局

从词源的意义上说，"写生"一词是因为美术史上的五代"工画而无师，惟写生物"的腾昌祐到宋代"写生赵昌"的历史发展，而获得了品评上的意义。此后，凡是国画临摹花果、草木、禽兽等实物的都叫写生；摹画人物肖像的则叫写真，而与之相应的有"写心"和"写意"。历史上的画家重视读万卷书，行万里路，但不言写生。可是，生活对于画家的艺术发展却有着一定的影响，即使在复古风盛行的清初，像"四王"辈的画家也经常策杖于山林，泛舟于江湖，在他们所题"临""摹""仿""抚"某家的画面上，依然透露出在生活中所见的山川气象。因此，写生经典酒店的设计与布局一方面可以获得酒店造型基础的设计方法，另一方面可以避免因酒店临摹而出现陈陈相因的弊端，让酒店设计与布局的设计人员走出工作室，真正地去发现问题。

# 第二节　酒店设计与布局计算机绘图软件方法

## 一、AutoCAD

AutoCAD 计算机辅助设计是指利用计算机及其图形设备帮助设计人员进行设计工作，简称为 CAD。在工程和产品设计中，CAD 可以帮助设计人员担负计算、信息存储和制图等项工作，设计人员通常要用 CAD 对不同方案进行大量计算、分析和比较，以决定最优方案；各种设计信息，不论是数字的、文字的或图形的，都能存放在计算机的内存或外存里，并能被快速检索；设计人员通常用草图开始设计，将草图变为工作图的繁重工作可以交给CAD完成；由CAD自动产生的设计结果，可以快速做出图形，使设计人员及时对设计做出判断和修改；利用CAD可以进行与图形的编辑、放大、缩小、平移和旋转等有关的图形数据加工工作。CAD能够减轻设计人员的劳动强度，缩短设计周期，提高设计质量。

## 二、3D Studio Max

3D Studio Max，即3Ds Max，常简称为3D Max或3D MAX，是Discreet公司（后被Autodesk公司合并）开发的基于PC系统的三维动画渲染和制作软件，其前身是基于DOS操作系统的3D Studio系列软件。在Windows NT出现以前，工业级的CG制作被SGI图形工作站所垄断。3D Studio Max+Windows NT组合的出现一下子降低了CG制作的门槛，其最开始运用在电脑游戏中的动画制作，后参与影视片的特效制作，例如《X战警II》《最后的武士》等。在Discreet 3Ds Max7后，其正式更名为Autodesk 3Ds Max，目前最新版本是3Ds Max 2019。

## 三、SketchUp

SketchUp是草图大师，常简称SU，是在建筑空间设计时常用的一种建造模型工具。SketchUp是一套直接面向设计方案创作过程的设计工具，其优点是建模时速度快、容易修改、操作简单、功能完善，可以安装插件工具来强化其功能，也可以使用现有模型。

# 第三节　酒店设计与布局综合应用方法

酒店建筑设计与布局是指酒店在建造之前，设计者按照酒店建筑设计与布局的建设任务，将施工过程和使用过程中所存在的或可能发生的问题，事先做好通盘设想，拟订解决这些问题的办法、方案，用图纸和文件表达出来，使建成的建筑物充分满足使用者和社会所期望的各种要求。广义的酒店建筑设计与布局是指设计酒店所要做的全部工作。对于酒店建筑设计而言，其在每个阶段的目标都很明确，但又在一些因素的影响下被不断地修改并发生变动。酒店设计不仅仅是单纯的设计，而且是伴随着某些实际的效益问题，它涉及经济效益、社会效益、环境效益3个方面，它们是酒店设计与布局的重要评价标准。

酒店设计与布局是指对人们所需要的住宿、餐饮、娱乐和会议空间的创作过程，是针对酒店建筑的内系统（内部空间）以及外系统（外部空间）进行的一种构思活动，是一种城市组织结构的延续活动。酒店设计与布局往往有着以下几项原则。

**1. 整体性设计原则**

整体性设计原则是将要设计的建筑作为由各个组成部分构成的一个整体，来全面研究其整体的功能、构成及发展规律，从整体与部分相互依赖、相互结合、相互制约的关系中揭示系统的特征和运动规律。

**2. 综合性设计原则**

对任一系统的研究，必须从它的要素、结构、功能、相互关系、历史发展等方面进行综合考察。在综合考察的过程中，从整体出发，在整体的基础上分析局部，再回到整体。每一层次分析的结果都要反馈到上一层次的分析结果中去，并与整体进行比较，重新进行分析、修改、整合，使部分与整体达到高度统一。图5-1就是典型的综合性设计案例。

图5-1

### 3. 联系性设计原则

联系性设计原则要求考虑相互联系的诸多方面，不仅要考察研究对象系统本身的各个方面，还要考察系统的环境。环境是系统存在的外部条件。系统都是在一定的外部环境中发生、维持和发展的，与环境中其他系统是有着相互联系和相互作用的。这种相互作用包括环境给系统提供的资源和压力、系统给环境提供的功能和污染，因此，系统与环境是互塑共生的。

### 4. 动态性设计原则

动态性设计原则就是要探索系统的内外联系及系统发展变化的方向、趋势、活动的速度和方式，还要探索系统发展的动力、应用和规律。建筑设计尤其要立足现在，兼顾未来，把握时代的发展方向。

### 5. 有序性设计原则

高层系统是由低层系统组成的，低层系统对高层系统具有构成性关系，同一层次的系统之间存在相干性关系，因此，系统都是有序、分层次的，是层层相包的结构关系，而且层次越低，结合度越强；反之层次越高，结合度越弱。结合度递减，层次结构更加稳定，由此可见，使用房间对功能区、单体对群体、基地对环境都具有构成性关系，只有其结合度递减才能促进结构和功能的稳定。如果一个功能区过于依赖它的上层系统，一旦上层系统中某个环节遭到破坏，其使用功能势必会受到影响，甚至会瘫痪，因此，正确地确定各部分的关系，有效地进行功能分区，合理地组织各种流线和空间序列，是建筑设计过程中应认真对待的重要环节。

### 6. 结构性设计原则

结构是要素在关系作用下的结合方式，是性能的载体，其普遍地存在于事物之中。结构决定性能，性能表现可以反作用于结构。要素是依赖于结构的，要素运动的稳定与否及其发展方向将影响结构的稳定与否及其发展方向。关系具有将要素连接起来的作用，是构成系统的纽带，关系的质和量决定着结构性能的稳定性。图5-2是结构性设计原则的体现。

### 7. 最优化设计原则

系统形成的过程实际上是差异整合的过程。差异的事物能够整合在一起，它们之间必定有同一性，相互需要、相互支持、优势互补，这是整合的前提和基础。通过差异整合使建筑的各个部分有机地组织在一起，可以激发出正的整体效应，促进"整体大于部分之和"的局面出现，如图5-3所示。

图5-2

图5-3

JIUDIAN SHEJI YU BUJU

# 第六章
# 酒店设计与布局的材料

**教学要求** 了解酒店设计与布局的各种材料。

**教学重点** 酒店设计与布局各种材料的特征。

**教学难点** 酒店设计与布局各种材料的应用。

# 第一节　木质、金属、玻璃、装饰涂料

## 一、酒店设计与布局木质材料

### 1. 木质材料的基本性能特点

木质材料的基本性能特点包括：①易于加工；②某些强重比值比一般金属高；③干燥木材是良好的热绝缘和电绝缘材料；④可吸收能量；⑤是弹性–塑性体；⑥具有天然的美丽花纹、光泽和颜色；⑦具有湿胀性和干缩性；⑧易于腐朽和虫蛀；⑨易于燃烧。

### 2. 木质材料的种类

木质材料主要有红木、水曲柳、椴木、柞木、楸木、樟木、杉木、黄菠萝。

（1）红木：材质坚硬，不易加工，不易干燥，握钉力强，胶结、油漆性能好，适于作为装饰板材及制作高档家具。

（2）水曲柳：材质略硬，花纹美丽，耐腐、耐水性能好，易加工，韧性大，胶结、油漆、着色性能好，具有良好的装饰性能，是目前装饰材料中用得较多的一种木材。

（3）椴木：材质较软，有油脂，耐磨、耐腐蚀性能好，不易开裂，木纹细，易加工，韧性强。椴木适用范围较广，可用来制作木线、细木工板、木制工艺品等装饰材料。

（4）柞木：质地硬、比重大、强度高、结构密，耐湿、耐磨损性能好，不易胶结，着色性能良好，纹理较粗糙，管胞比较粗，木射线明显，不易干燥，一般可用来制作木地板或家具。

（5）楸木：木材有光泽，纹理略粗，干燥速度慢，不易翘曲，易加工，钉着力强。

（6）樟木：有香气，能防腐、防虫，材质略轻，不易变形，易加工，切面光滑，油漆后色泽美丽。

（7）杉木：材质松且轻，易干燥，易加工，切面粗糙，强度中等，易劈裂，胶着性能好，是目前用得较普遍的中档木材。

（8）黄菠萝：木材有光泽，年轮明显、均匀，材质软，易干燥，易加工，材色、花纹均很美丽，油漆和胶结性能好，不易开裂，耐腐蚀性能好，是高级家具的用材。

## 二、酒店设计与布局金属材料

### 1. 酒店设计与布局金属材料的种类

金属材料是指金属元素或以金属元素为主构成的具有金属特性的材料的统称，包括纯金属、合金、金属化合物和特种金属材料等。

金属材料通常分为黑色金属材料、有色金属材料和特种金属材料。

（1）黑色金属材料又称钢铁材料，包括含铁 90% 以上的工业纯铁，含碳 2%～4% 的铸铁，含碳小于 2% 的碳钢，以及各种用途的结构钢、不锈钢、耐热钢、高温合金、精密合金等。广义的黑色金属还包括铬、锰及其合金。

（2）有色金属材料是指除铁、铬、锰以外的所有金属及其合金，通常分为轻金属、重金属、贵金属、半金属、稀有金属和稀土金属等。有色合金的强度和硬度一般比纯金属高，并且电阻大、电阻温度系数小。

（3）特种金属材料包括不同用途的结构金属材料和功能金属材料，其中，有通过快速冷凝工艺获得的非晶态金属材料，以及准晶、微晶、纳米晶金属材料等；还有隐身、抗氢、超导、形状记忆、耐磨、减振阻尼等特殊功能合金以及金属基复合材料等。

### 2. 酒店设计与布局金属材料的应用

酒店设计与布局中铁、铜、铝等金属材料应用非常广泛。例如铜，这种金属材料自古以来就是尊贵与权位的象征，铜门常用于深宅要地，是护佑门内平安的坚固屏障，被看作是身份的象征。随着人们生活水平的提高，铜门开始现身于酒店设计中，其以气度非凡的外观、坚固耐用的特性受到高端消费群体的喜爱。铝主要应用在一些饰面装饰上。

## 三、酒店设计与布局玻璃材料

### 1. 玻璃的基本知识

玻璃是由二氧化硅和其他化学物质熔融在一起形成的，其主要生产原料为纯碱、石灰石、石英。二氧化硅等材料在熔融时形成连续网络结构，其黏度在冷却过程中逐渐增大并硬化，致使其结晶形成硅酸盐类非金属材料。玻璃的化学组成是 $Na_2SiO_3$、$CaSiO_3$、$SiO_2$ 或 $Na_2O \cdot CaO \cdot 6SiO_2$ 等，主要成分是硅酸盐复盐，是一种无规则结构的非晶态固体。玻璃广泛应用于建筑物，用来隔风透光。另外，混入了某些金属的氧化物或者盐类而显现出颜色的有色玻璃，和通过物理或者化学的方法制得的钢化玻璃等，有时也把一些透明的塑料（如聚甲基丙烯酸甲酯）称作有机玻璃。

玻璃按工艺分为热熔玻璃、浮雕玻璃、锻打玻璃、晶彩玻璃、琉璃玻璃、夹丝玻璃、聚晶玻璃、玻璃马赛克、钢化玻璃、夹层玻璃、中空玻璃、调光玻璃、发光玻璃。目前，陈设工艺品这一块越来越受到人们的关注，其中有很大一部分的工艺品由玻璃制造。

### 2. 玻璃制品的加工和装饰

酒店玻璃制品种类繁多，包括玻璃餐具、玻璃工艺品、建筑的玻璃幕墙等。随着艺术拼镜玻璃的产生，它风格多样及高贵、优雅、豪华、大气的特征，使其更多地被应用于酒店和其他地方，深受人们的青睐。艺术拼镜玻璃等装饰材料的最大特点为自由性强，人们可以根据个人喜好自选组合，搭配出最满意的效果。艺术拼镜玻璃是一种绿色环保、高端优质的艺术玻璃产品，不仅有着良好的绿色环保性、视觉美感，还具有隔热、隔音等不可替代的特殊性能，且具有较强的装饰功能。它没有天然大理石的放射性危害，也没有其他板材甲醛和苯系列污染。

### 3. 常用的酒店设计与布局玻璃材料

常用的玻璃材料包括平板玻璃、瓶罐玻璃、泡沫玻璃、铅玻璃、钢化玻璃原片。

（1）平板玻璃。

平板玻璃是日常生活中用量最大的一种，主要有窗用玻璃、磨光玻璃、压花玻璃、有色玻璃、夹层玻璃，主要用于门窗，起到透光、挡风和保温的作用。

（2）瓶罐玻璃。

瓶罐玻璃主要采用钠钙硅酸盐玻璃制成，具有一定的化学稳定性、机械强度和抗热震性，能经受装罐、杀菌、

运输等操作。

（3）泡沫玻璃。

泡沫玻璃主要是在配料中加入发泡剂，经熔融、膨胀、成型操作后制得的轻型多孔玻璃，主要用于隔声保温的墙面地板材料。

（4）铅玻璃。

铅玻璃主要用于显示器。

（5）钢化玻璃原片。

钢化玻璃原片主要用于自动扶梯的扶手、展示柜等。

## 四、酒店设计与布局装饰涂料

### 1. 涂料

1）涂料的基本概念

涂料，传统名称为油漆。所谓涂料，是指涂覆在被保护或被装饰的物体表面，并能与被涂物形成牢固附着的连续薄膜，通常是以树脂、油或乳液为主，添加或不添加颜料、填料，添加相应助剂，并用有机溶剂或水配制而成的黏稠液体。中国涂料界比较权威的《涂料工艺》一书是这样定义涂料的："涂料是一种材料，这种材料可以用不同的施工工艺涂覆在物件表面，形成黏附牢固、具有一定强度、连续的固态薄膜。这样形成的膜统称涂膜，又称漆膜或涂层。"

2）涂料的分类

涂料的分类方法很多，通常有以下几种分类方法：按产品的形态来分，可分为液态涂料、粉末型涂料、高固体型涂料；按其使用的分散介质来分，可分为溶剂型涂料、水性涂料（乳液型涂料、水溶性涂料）；按其用途来分，可分为建筑涂料、罐头涂料、汽车涂料、飞机涂料、家电涂料、木器涂料、桥梁涂料、塑料涂料、纸张涂料、船舶涂料、风力发电涂料、核电涂料、管道涂料、钢结构涂料、橡胶涂料、航空涂料等；按其性能来分，可分为防腐蚀涂料、防锈涂料、绝缘涂料、耐高温涂料、耐老化涂料、耐酸碱涂料、耐化学介质涂料；按其是否有颜色来分，可分为清漆、色漆；按其施工工序来分，可分为封闭漆、泥子、底漆、二道底漆、面漆、罩光漆；按其施工方法来分，可分为刷涂涂料、喷涂涂料、辊涂涂料、浸涂涂料、电泳涂料等；按其功能来分，可分为不黏涂料、铁氟龙涂料、装饰涂料、防腐涂料、导电涂料、防锈涂料、耐高温涂料、示温涂料、隔热涂料、防火涂料、防水涂料等；家用油漆可分为内墙涂料、外墙涂料、木器漆、金属用漆、地坪漆；按漆膜性能来分，可分为防腐漆、绝缘漆、导电漆、耐热漆等；按成膜物质来分，可分为天然树脂类漆、酚醛类漆、醇酸类漆、氨基类漆、硝基类漆、环氧类漆、氯化橡胶类漆、丙烯酸类漆、聚氨酯类漆、有机硅树脂类漆、氟碳树脂类漆、聚硅氧烷类漆、乙烯树脂类漆等。按基料的种类来分，涂料可分为有机涂料、无机涂料、有机-无机复合涂料。有机涂料由于其使用的溶剂不同，又分为有机溶剂型涂料和有机水性（包括水乳型和水溶型）涂料两类。生活中常见的涂料一般都是有机涂料。无机涂料指的是用无机高分子材料作为基料所生产的涂料，包括水溶性硅酸盐系、硅溶胶系、有机硅及无机聚合物系。有机-无机复合涂料有两种复合形式，一种是涂料在生产时采用有机材料和无机材料共同作为基料，形成复合涂料；另一种是有机涂料和无机涂料在装饰施工时相互结合。按装饰效果分类，涂料可分为：①表面平整光滑的平面涂料（俗称平涂），这是最为常见的一种施工方式；②表面呈砂粒状装饰效果的砂壁状涂料，如真石漆；③形成凹凸花纹立体装饰效果的复层涂料，如浮雕。按在建筑物上的使用部位分类，涂料可分为内墙涂料、外墙涂料、地面涂料、门窗涂料和顶棚涂料。按使用功能分类，涂料可分为普通涂料和特种功能性建筑涂料，如防火涂料、防水涂料、防霉涂料、道路标线涂料等。按照使用颜色效果分类，涂料可分为金属漆、本色漆（或叫作实色漆）、透明清漆等。

### 2. 常用的酒店设计与布局涂料

涂料是指一种呈现流动状态或可液化的固体粉末状态或厚浆状态的，能均匀涂覆并且能牢固地附着在被涂物体表面的成膜物质，能对被涂物体起到装饰作用、保护作用及特殊作用。涂料在酒店设计与布局中的用途包括 5 个方面：①保护作用；②装饰作用；③色彩标志作用；④特殊作用，如示温涂料、"烧蚀涂料"、伪装涂料、防辐射涂料、导电涂料等；⑤其他作用。

酒店设计与布局时，主要使用的涂料包括清漆、色漆、哑光漆、亮光漆、锤纹漆、浮雕漆等。

## 第二节 现代多媒体影音设备

### 一、酒店设计与布局现代多媒体音响设备

音响设备由音源（音乐播放设备、拾音设备即话筒）、控制设备（模拟或数字调音台）、音频处理器（以前都是用效果器、均衡器、压限器、分频器、信号分配器、延时器等周边设备，现在还有集成以上各功能的数字式系统控制器）、功率放大器（功放）和音箱组成，且以上设备由各种类型不同的线材、电缆串接在一起使用。数字技术是一种新技术，所以数字音响设备是在解决模拟音响噪声的失真问题时发展而来的。音响设备采用了数字技术之后，记录的数字信号从取样频率到量化特性，有清晰的解像度，没有色抖动，得到的图像非常清晰，而且可以和上位机互换，这是模拟录放像设备无法比拟的。数字录音可以把时间、人名、地址一起录入带中，采用微型键盘完成编目工作，更换曲目编号，再加上遥控功能，能够自动地搜索需要的曲目，使用方便。

音响设备对使用者有很高的要求，要求其对各种器材的功能和使用都十分了解，具备专业的理论知识、精确的听音能力、极强的调试水平和故障诊断与排除能力。

在酒店设计与布局的声学设计过程中，电声与建声设计应良好配合，满足以下主观听音要求：恰当的响度。响度是实际听音的强度感觉，它与扩声系统的最大声压级指标有直接关系。对于演出来讲，只有达到足够的响度，才能使音响效果得以充分表现。扩声系统的输出功率、音箱的摆放位置等将直接决定听音区域的响度状态。

### 二、酒店设计与布局现代多媒体影像设备

影像设备是指利用电子设备传送活动图像的技术及设备，是重要的广播和通信方式。电视利用人眼的视觉残留效应显现一帧帧渐变的静止图像，形成视觉上的活动图像。电视系统的发送端把景物的各个微细部分按亮度和色度转换为电信号后，顺序传送，并在接收端按相应的几何位置显现各微细部分的亮度和色度来重现整幅原始图像。

影像设备按使用效果和外形来分，可以分为 5 大类，即平板电视（等离子、液晶和一部分超薄壁挂式 DLP 背投）、CRT 显像管电视（纯平 CRT、超平 CRT、超薄 CRT 等）、背投电视（CRT 背投、DLP 背投、LCOS 背投、液晶背投）、投影电视、3D 电视。酒店设计与布局一般选用背投电视，且选购背投电视时，应注意以下事项。

（1）应先考虑功能和机芯质量，机芯技术是否先进对图像质量有决定性影响。

（2）背投电视的清晰度至少要达到 500 线，应尽量选购照度高的投影电视。

（3）背投电视比普通显像管电视视角小，因此，选购时应注意其视角大小和亮度。

（4）图像参数主要分为亮度、噪波点、色度几项。首先对背投彩电的亮度进行由暗转亮的调控，以不出现明显的偏色为佳，如有偏色则说明彩电的阴极不平衡；其次是在无信号输入的情况下看噪波点，噪波点越多、越小、越圆，就说明这台背投彩电的灵敏度越高。

（5）将色度调至最小时，图像应是黑白；调至最大时，图像应色彩浓郁；调至适当位置时，人物肤色应正常，层次应明显，无大色块聚集。

（6）对音量电位器进行大小调控，以声音大小变化明显、声音柔和、洪亮为佳，不应有沙哑情况和交流声出现。

JIUDIAN SHEJI YU BUJU

# 第七章

# 酒店设计与布局鉴赏专题研究

# 第一节　国外的酒店设计与布局专题案例比较

## 一、新加坡滨海湾金沙酒店（见图 7-1 至图 7-14）

新加坡滨海湾金沙酒店坐落于 Marina Bay 滨海湾，于 2010 年 6 月 23 日举行盛大开业庆典。酒店由三座联排的 55 层高的大楼组成，大楼顶部建有高端的空中花园，将三座大楼串联。空中花园中最具代表性的是顶层的"无边泳池"，其长度是奥运会泳池的三倍，高度为 198 米，在泳池旁可俯瞰新加坡的城市景观。

新加坡滨海湾金沙酒店交通十分便利，紧邻新加坡的城市中心，方便到达滨海艺术中心、克拉码头等旅游区。酒店被称为"诺亚方舟"，建筑大师萨夫迪是根据扑克牌的外形设计的。

空中花园

酒店主楼

滨海湾沙滩

图7-1

金沙酒店综合体沿主轴线组织布局，轴线延伸至周边城市肌理。南北向步行街和大型拱廊通道横穿了整个项目，并与两条东西向的轴线（视线通道）相交。这两条东西向的轴线与规划中的海滨公园、地铁站、海湾大道及海滨区相连。

图7-2

　　船形"空中花园"建在三栋塔楼之上，为人们提供了可以360°欣赏城市和海景的场所，并为酒店提供包含游泳池、餐馆及花园的室外娱乐设施。

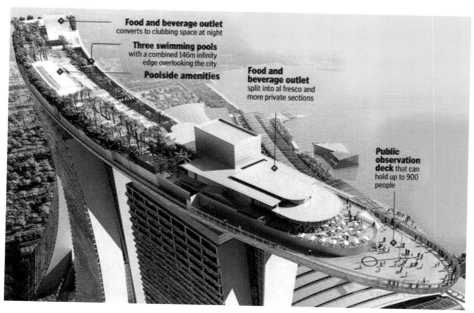

图7-3

泳池的边缘被设计成在水平面之下的几厘米处，流出的水会流到下面的一个集水池，然后再由水泵抽回到上面的池子里。

图7-4

艺术科学博物馆由著名建筑师 Moshe Safdie 设计，其造型灵感来自莲花，富于想象力的 Las Vegas Sands Corp 总裁 Sheldon Adelson 将其形容为"新加坡欢迎之手"。该建筑外形共有 10 只"手指"，固定在中央造型奇特的圆形基座上。每只手指的设计都代表了不同的展馆空间，从"指尖"天窗透入的光线照射着宏伟的弧形内壁。

图7-5

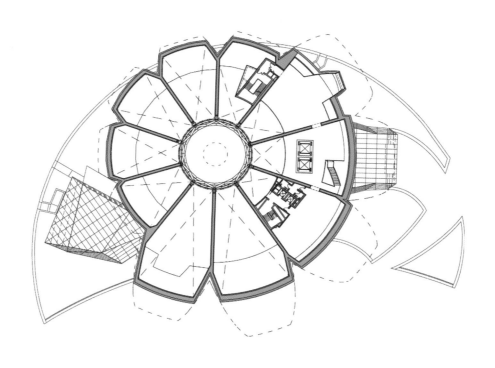

图7-6

　　酒店的大堂中央坐落着供应各国美食的国际自助餐厅。项目延续了之前设计的原始框架，包括由知名艺术家郑重宾创作的重要名作"空中森林"（Rising Forest）雕塑，设计团队由此衍生出内外融合的设计概念及思路。以仿佛天然空中森林的优美布局形成格状分隔，可确保餐饮供应的最大灵活性；精心规划的自助餐区可适应全新多变的菜单选项。餐厅员工置身于开放空间中进行操作，打破了工作人员与顾客之间的屏障。

<table>
<tr><td>图7-7</td><td>图7-8</td></tr>
</table>

　　滨海湾沙滩景观区占地约12公顷，800米的滨海长廊设有三条小径，周围被棕榈树、大叶卡雅楝、夹竹桃和双翼豆树围绕。设计考虑到适度的空间和遮阴。渗水路面铺装可收集地表排水，减少地面径流。该项目包括公共滨海长廊、公共屋顶长廊及一个1000米长的景观桥。

图7-9

图7-10

对于追逐奢华、爱恋时尚的购物狂们来说，汇集了 300 多家名店旺铺和餐饮设施的滨海湾金沙购物中心（The Shoppes at Marina Bay Sands），就是最大的游乐场。这里汇聚了高档精品与国际前卫设计大牌，如 Ralph Lauren、Cartier、Prada 等国际大牌，成为时尚爱好者们的购物天堂。

图7-11

新加坡滨海湾金沙酒店拥有超过 60 家餐厅，涵盖了世界各地的顶级美食，其中既有米其林星级大厨的顶级料理，也有地道的新加坡特色小吃。10 间由全球知名主厨开设的顶级餐厅将让客人享受前所未有的用餐体验，精湛厨艺与绝佳创意的结合让人大饱口福，流连忘返。

图7-12

　　房间种类有 18 种之多，其中包括视野广阔的地平线房、兰花套房、海湾套房、金莎套房、狮城套房、总统套房等。所有酒店的房间均设在 22 层以上，在欣赏狮城美景或宁静海景的同时，还可拥有极好的私密性。酒店 (Marina Bay Sands Singapore) 的套房都有扫描器、印表机、影印机、传真机等办公设施，国际报纸也可送到房间，24 小时都有房内就餐服务。所有套房都可以让顾客来选择最适合自己的枕头，务求让顾客有宾至如归的感受。

图7-13

图7-14

## 二、迪拜亚特兰蒂斯度假酒店（见图 7-15 至图 7-28）

亚特兰蒂斯度假酒店坐落在阿联酋迪拜的棕榈人工岛上，占地 113 亩，有古波斯和古巴比伦建筑装饰风格特征。酒店的最大特色是大堂设有一个巨型水族缸，内里有 6.5 万条鱼。此外，还有一个海豚池，饲养了 20 多条从所罗门群岛进口的瓶鼻海豚。

图7-15

图7-16

图7-17

这里有圆形大堂的设计、整个半圆的落地窗结构、墙面上海洋主题的壁画，各个不同入口的门上、地面上充满海洋风情的装饰。

图7-18

图7-19

图7-20

　　酒店一共拥有 1373 间豪华客房和 166 间豪华套房，每个房间的设计都体现了海洋风情与阿拉伯风格，可以远眺棕榈岛美景。

图7-21

图7-22

图7-23

　　"海王星与波塞冬"水下套房是亚特兰蒂斯独具特色的一处亮点，其卧室和浴室能够直望礁湖大使水族馆的水下海底世界。

图7-24

图7-25

酒店拥有 17 家餐厅，多家米其林星级厨师主理的餐厅提供国际水准的美食，还拥有风情各异的酒吧。

图7-26

图7-27

图7-28

## 三、芬兰卡克斯劳坦恩酒店（见图 7-29 至图 7-38）

　　卡克斯劳坦恩酒店（Hotel Kakslauttanen）位于芬兰拉普兰（Finnish Lapland）的 Saariselk Fell 地区，完全坐落于僻静的大自然中，酒店距离 Urho Kekkonen 国家公园 5 公里，周围环绕着大自然赏赐的美景，处处群山缭绕，绵延不绝。到了夜晚，这里偶尔会被大片梦幻极光包围。

　　酒店提供玻璃冰屋与传统小木屋。Kakslauttanen 的玻璃屋，在众多玻璃屋酒店中无疑是造型至美的，一座玻璃屋就像一颗大大的珠宝钻石，由特殊玻璃制成，能保证即使室外温度低到零下四十度的情况下，室内仍然能够保持零下三度到六度。

图7-29

图7-30

图7-31

图7-32

图7-33

图7-34

传统的木屋带私人桑拿房、小厨房和花园区。每间桑拿浴室都提供一个带开放式壁炉的休息室。

图7-35

图7-36

酒店可以安排温泉、北极光观光巴士、北冰洋考察之旅以及爱斯基摩和驯鹿狩猎之旅。客人还可以租借越野滑雪板、健行杖和雪鞋。

图7-37

图7-38

## 四、土耳其博物馆酒店（见图7-39至图7-50）

土耳其博物馆酒店（Museum Hotel）位于卡帕多奇亚的制高点乌奇萨教堂脚下的山坡上，由拥有数千年历史的洞穴和民居重建而成，以价值连城的古董藏品为装饰。酒店距离开塞利机场车程45分钟，距离内夫谢希尔机场车程30分钟，交通十分便利。

图7-39

图7-40

酒店的特殊地理位置能使游客全方位地欣赏到沟壑纵横的峡谷和连绵起伏的山峦。

图7-41

　　整个酒店有 30 间客房，拥有独特的入住环境设计体验。设计师根据洞穴和房屋形状，量身打造出一个个独具魅力的房间。所有的房间里和酒店内外，都装饰着价值连城的古董，乃至无价之宝，这些古董登记于内夫谢希尔博物馆。

图7-42

图7-43

图7-44

图7-45

作为土耳其唯一一家 Relais & Chateaux 协会成员，该酒店致力于为客人提供最美味和最天然的菜肴。酒店拥有一个生态花园和 200 亩的农庄，多数餐饮原材料都自给自足。

图7-46

图7-47

图7-48

　　酒店与最好的热气球公司和驾驶员合作，拥有可靠的热气球体验，是探索卡帕多奇亚的美景特别刺激的方式。在舒适、宁谧的美妙环境中，窥探到地面的旅程是终生难忘的体验。

图7-49

图7-50

## 五、哥斯达黎加飞机旅馆（见图7-51至图7-59）

　　哥斯达黎加飞机旅馆是一座用1965年的波音727飞机改造的宾馆，位于哥斯达黎加曼努埃尔安东尼奥国家公园边缘的CostaVerde度假胜地，宾馆的前身是一座南非阿维安卡航空公司的运送机，现在是一个两个卧室的套房标间，位于雨林边缘。飞机距地面15米，仿佛正在飞行状态中，而在原来的飞机驾驶舱中，顾客们可以享受360°无死角的雨林风光。

图7-51

图7-52

　　酒店主人出资购买了一架生产于1965年曾执飞南非航线的退役波音727（注册号HK-3133X），这架"酒店Style"客机曾服务于南非航空（South African Airways）、利比里亚环球航空（Liberia WorldAirlines）等公司，最后在哥伦比亚航空（Avianca）终结飞行使命，正式退役。

图7-53

图7-54

　　机内改造很特别，使用哥斯达黎加特色柚木条将舱壁地面全面装饰，家具采用来自印尼爪哇岛的柚木。客机内共设两间卧室，分别布置 2 张 Queen Size 及一张 King Size 大床。浴室内采光好，采用双层无遮挡的玻璃窗。酒店所有房间都可以直面壮美海景或热带雨林风光。经过多年的发展和建设，酒店以此特色住宿为中心辅助修建了一系列度假设施。

图7-55

图7-56

图7-57

图7-58

图7-59

## 六、澳大利亚桑格罗夫庄园酒店（见图7-60至图7-68）

桑格罗夫庄园酒店是一家五星级豪华小酒店，坐落于澳大利亚阿德莱德的山坡上。距离当地葡萄园、格林兰德野生动物园和洛弗帝山植物园仅5分钟路程，距离市中心也只有17分钟路程。

图7-60

图7-61

　　格罗夫庄园酒店是欧洲的宫廷风格的代表。酒店采用豪华的宫廷床幔、富有年代感的家具、同色的墙壁和地毯，整个庄园都浸满了复古的韵味。

图7-62

图7-63

图7-64

图7-65

每个房间都拥有绝佳的私密性，拥有爬满绿色植物的小庭院和塔楼。

图7-66

图7-67

图7-68

## 七、泰国大城萨拉酒店（见图 7-69 至图 7-84）

大城萨拉酒店(Sala Ayutthaya)坐落于泰国湄南河畔古都大城府内，酒店是拥有 26 间客房的精品酒店，地处泰国湄南河风景最秀丽的位置。酒店面对着古迹沙旺寺。

建筑临街部分是低调的砖墙，酒店院落是曲面几何墙体围住的交通院落。高大墙面的极简几何造型设计，形成别具一格的光影效果，带给客人无穷无尽的光影体验。

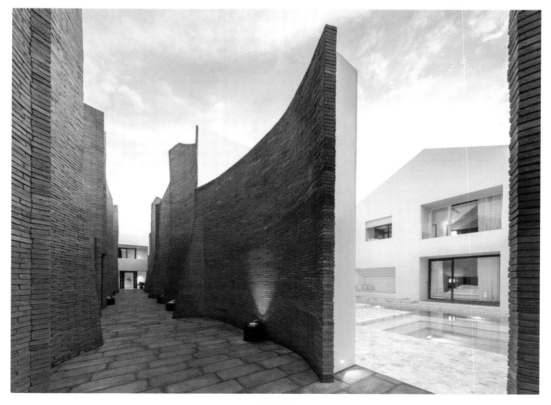

图7-69

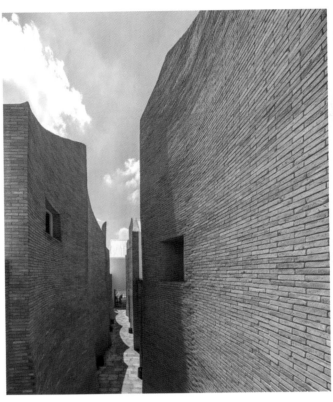

图7-70

图7-71

图7-72

图7-73

　　曲墙院落联系酒店的系列院落和区域。人们要穿过墙，到达庭院进入客房。围绕白色庭院共布置了 12 套客房。中心连廊将庭院分成两个部分，一个是与外面曲墙庭院的红砖形成鲜明对比的白色泳池庭院，一个是种植这绿色树木的铺着红砖地面的花园。

图7-74

图7-75

图7-76

图7-77

酒店的餐区位于临河的一侧，沿着河面铺设甲板，将用餐区由室内蔓延到室外。

图7-78

图7-79

　　房间的设计简约而不简单，非常注重细节。黑色的虎跃木刻床头板寓意信念。卧室拥有面河的私人露台和隐藏的儿童沙发床。二层的客房能鸟瞰庭院。每个房间都独一无二，能让客人感受到非凡独特的体验。

图7-80

图7-81

图7-82

图7-83

图7-84

## 八、盐宫旅馆（见图 7-85 至图 7-94）

盐宫旅馆位于南美洲玻利维亚的乌尤尼盐滩，白茫茫的盐和蓝天相映成趣，雄伟壮观，墙白胜雪，是世界上唯一一个用盐建造的旅馆。

图7-85

图7-86

建筑师胡安克萨达设计的盐宫旅馆是用盐块当砖瓦，用水当"黏合剂"，将盐块牢牢地粘在一起。

图7-87

图7-88

图7-89

图7-90

旅馆总共有 28 间标准间和 2 间套房，还有桑拿室、按摩房、理疗泳池等，拥有一个独特的盐博物馆。

图7-91

图7-92

　　因为盐的保温性能超强，白天吸收的热量在夜间慢慢散发，室内就像安了一个天然的大空调，非常温暖。盐做的家具也非常舒适，如盐床等。盐床上小小的盐粒紧贴在皮肤上，有做全身按摩的感受。地面上松松软软的盐沙粒有足底按摩之功效。

图7-93

图7-94

## 九、巴厘岛 Alila 乌鲁瓦图别墅酒店（见图 7-95 至图 7-103）

Alila 乌鲁瓦图别墅酒店由新加坡著名建筑设计公司 WOHA 设计，酒店建在悬崖怪石之上，建筑设计兼顾自然环境，建筑物尽量不破坏自然环境，而是适应周围环境的自然发展。

图7-95

图7-96

Alila 乌鲁瓦图别墅酒店是巴厘岛第一个注册了国际绿色标准认证的环保型酒店，使用当地材料，建立污水循环系统、雨水灌溉系统等。

图7-97

图7-98

　　酒店主要以"鸟笼"为设计的出发点，每栋别墅设计了一种真正放松自己的场域空间——发呆亭。在亭里观望着大海与夕阳的美景，徜徉在海天相连的空间，倾听着大海美妙的歌声，强调平和、感性、独特的地域体验。

图7-99

图7-100

　　酒店的室内空间设计采用自然主义和极简风格，结合环境、生态、哲学相统一的美学思想，搭配实木材质与简约格调，通过镂空的设计把光影效果做到极致。

图7-101

图7-102

图7-103

## 第二节　国内的酒店设计与布局专题案例比较

### 一、香港 W 酒店专题研究（见图 7–104 至图 7–111）

香港 W 酒店及公寓综合体项目设计于 2006 年，开业于 2013 年。香港 W 是一座包含一所精品酒店及一所服务式公寓的综合体。建筑设计既是对香港城市形态的回应，亦是紧凑式都市酒店功能的独特演绎。融入城市肌理建筑面向两个主街角（一为主干道洗村路和金穗路交汇处，一为洗村路和兴盛路步行街的交接处）。整体建筑加强及延续街道之建筑面，营造有效的街道街角，但透过体形中段之分离，将内庭连接大街，刻意令两组空间产生视觉上的互动，亦有助于区内光线渗透及空气流通。外形突显内在建筑，外表采用深色物料，外观上保持视觉上的一致性，以突显数个玻璃盒子的通透晶莹，亦刻意强调酒店私人领域及公共领域的对比。公共领域的通透感，将酒店气氛向外散播；而私人空间相对私密，并以垂直玻璃条分隔每个房间，形成亲切的尺度。

传统空间演绎外观的营造，也是空间的营造，结合成一个总体空间序列，令人有探索发掘之欲，亦有视觉及体验的惊喜。入口序列层层相扣，由细长垂直的空间开始，而至宽敞的客厅，通高飘浮在玻璃盒子内的酒吧，与安静、娴逸的接待偏厅，均延续着公私分合的外形构图，以求内外如一。

图7-104

图7-105

图7-106

图7-107

图7-108

图7-109

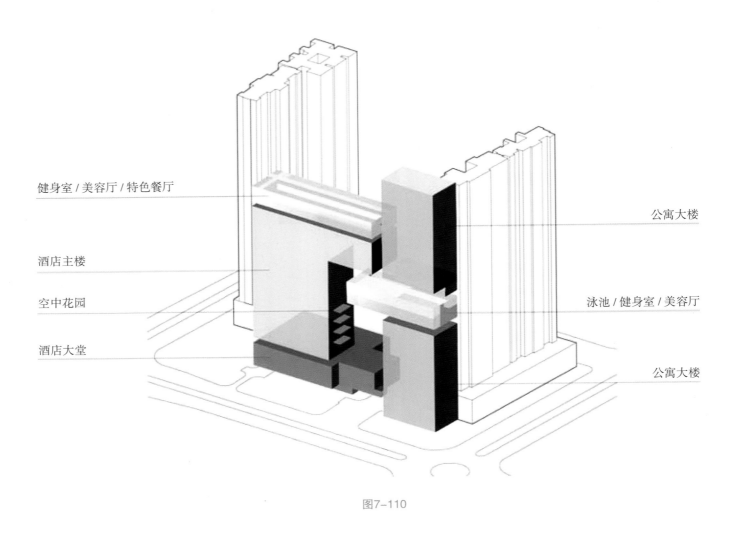

健身室 / 美容厅 / 特色餐厅

公寓大楼

酒店主楼

泳池 / 健身室 / 美容厅

空中花园

酒店大堂

公寓大楼

图7-110

基地要求　　　　　体量变化　　　　　绿化特色　　　　　焦点空间

图7-111

## 二、富春山居度假村专题研究（见图 7-112 至图 7-122）

富春山居度假村是根据《富春山居图》的富春江一带景色为设计元素和范本进行设计的。在《富春山居图》中，富春江两岸峰峦坡石，似秋初景色，树木苍苍，疏密有致地生于山间江畔，村落、平坡、亭台、渔舟、小桥等散落其间，给人咫尺千里之感。

图7-112

　　富春山居度假村位于山水秀美的富阳市富春江畔，邻近鸡笼山，群山围绕，风光怡人。度假村以简约淡雅的建筑风格和原始的自然环境，并结合杭州的精致文化，把中国宋元建筑艺术的精髓表现得淋漓尽致。

图7-113

图7-114

图7-115

　　酒店主体共三层，建筑面积17 000平方米，含接待、客房、餐饮、会议、游泳池、Spa等诸多功能。中国传统建筑的穿堂、天井、院落串联分散配置的空间单元，建筑颜色采用江南民居的粉墙黛瓦色调，屋顶的形式做了简化处理，入口大厅有两排直径60厘米的深色木柱撑起屋架，中式餐厅、游泳池、桑拿房均采用木构层装饰梁架。

　　对细节的极致要求是富春山居度假村的重要特色，设计师亲自为度假村量身定做"石头打洞"地漏，花艺是在当地山上采来的竹花枝梗，客房的竹帘是半手工制作，酒店与高尔夫球会馆之间的湖面上设计了一条"古式渡船"，有船夫往返两岸。

图7-116

图7-117

图7-118

图7-119

图7-120

图7-121

图7-122

## 三、杭州西子湖四季酒店专题研究（见图7-123至图7-126）

　　杭州西子湖畔的四季酒店地理位置十分优越，紧邻商务、娱乐及购物中心，交通四通八达。酒店的外观采用了江南庭院式的建筑风格，小桥流水，曲径清幽。酒店标准客房面积达63平方米以上，居杭州之冠。客房内豪华配套设施一应俱全，让宾客尽情体验美好的生活。

　　酒店的建筑风格是一派中式园林的景致：石狮子把门，迎客松站岗。从门口望过去，亭台楼阁在树木的掩映之下影影绰绰，只觉得这里仿若古代帝皇的避暑山庄。酒店的大堂同样显现出皇家气势。在这个以木质结构为主、挑高十余米的大堂中，最引人瞩目的是寓意"蛟龙出水"的灯饰，顶部盘旋而下的白色吊灯与底部的一方水景遥相呼应，而入口处的两个球状灯饰则让人联想到了"二龙戏珠"的画面。

　　客房以开放式概念设计并用茶褐色基调营造出浓郁的商务氛围，会客区与卧室用矮柜分隔，矮柜中实际藏着一个可伸缩电视机，是一举两得的设计。床头的手工织锦画呈现出鸟语花香的场景，势要与窗外的园林景致一争高下，然而再精美的装饰品也敌不过大自然的魅力，拨开白色纱帘便可来到阳台，凭栏远眺，看云窗雾阁、杨柳堆烟，体验"庭院深深深几许"的意境。泳池采用无边际设计，漫出的池水让泳池看起来仿佛与西湖相接，而西湖水的灵气也就隔空传了过来。

图7-123

图7-124

图7-125

图7-126

## 四、北京颐和安缦酒店专题研究（见图 7-127 至图 7-134）

颐和安缦酒店毗邻颐和园，建造布局采用传统四合院形制。

图7-127

颐和安缦有三分之二的建筑直接沿用 400 年前的老宅子，剩下三分之一则是印度尼西亚籍设计大师 Jaya Lbranhim 在老宅子风格的基础上仿造而成的，保持了明清皇家四合院的原汁原味。对原址的保护与和谐共存一直是安缦居的建造理念。大门采用经典歇山式建筑风格，其朱红、绿色为主调的装饰色彩具有明清北方大宅特色。

图7-128

图7-129

从天空俯瞰，颐和安缦呈东西走向布局，背景正是颐和园的万寿山。院落分正中与左右两侧三路并行。正中一路是大小庭院集结而成的主建筑群。

图7-130

酒店内的大部分家具都是明式风格的家具，硬朗朴实，线条流畅，地上铺着呈石青色的传统金砖，地下装有地暖。

图7-131

图7-132

图7-133

酒店的电影院、健身房、时尚发廊、壁球室、游泳池、水疗中心等其他功能空间设置在地下，地面上却不露一丝痕迹。

图7-134

## 五、北京五洲皇冠假日酒店专题研究（见图7-135至图7-138）

北京五洲皇冠假日酒店是坐落于北京城北部的豪华酒店，地理位置优越，毗邻北京国际会议中心且步行可达2008年奥林匹克运动会开发新区。酒店距离北京首都国际机场只有短短25分钟车程，而距离上地高科园和北京"硅谷"中关村仅10分钟车程，是商务旅行者下榻的明智选择。

五洲皇冠假日酒店设施全面，24小时运营的商务中心可为酒店顾客提供综合性的翻译和秘书助理业务以及订票、国际性报纸和邮寄服务。酒店同时提供可容纳8人至1300人各种类型的私人会议室。其他的酒店会议服务包括先进的视听仪器、酒店创意厨师和备餐团队以及室外的餐饮招待服务。

图7-135

图7-136

图7-137

图7-138

## 六、上海和平饭店专题研究（见图 7-139 至图 7-144）

　　和平饭店是上海近代建筑史上第一幢现代派建筑，饭店拥有九国式特色套房及众多别具特色的餐厅、宴会厅、多功能厅和酒吧、屋顶观光花园等。上海南京东路口的两幢大楼都称为和平饭店。和平饭店北楼建于 1929 年，原名华懋饭店，属芝加哥学派哥特式建筑，楼高 77 米，共 12 层。饭店位于上海的南京东路和外滩的交叉口。

　　当时由芝加哥学派哥特式设计风格的建筑师 Palmer & Turner 设计，以一个海拔 77 米的绿色铜护套屋顶为最大特色。外墙采用花岗岩石块砌成，由旋转厅门而入，大堂地面用乳白色意大利大理石铺成，顶端古铜镂花吊灯，豪华典雅，有"远东第一楼"的美誉。

　　和平饭店南楼原为汇中饭店，正门设在南京东路 23 号，靠外滩的 19 号属边门。1908 年建成，采用文艺复兴建筑风格。

饭店落成以后，名噪上海，以豪华著称，主要接待金融界、商贸界和各国社会名流，如美国的马歇尔将军、司徒雷登校长。剧作家 Noel Coward 的名著《私人生活》就是在和平饭店写成的。20 世纪三四十年代，鲁迅、宋庆龄曾来饭店会见外国友人卓别林、萧伯纳等。

新中国成立后，饭店于 1956 年重新开业，取名和平饭店。和平饭店对客房、餐厅等进行了更新改造，焕然一新，而建筑风格仍保持了当年的面貌，使下榻于此的宾客仿佛置身于时间隧道，在现代与传统、新潮与复古的融合、交错中浮想万千。和平厅，典型的巴洛克式宫廷建筑风格。爵士吧，典型的英国乡村式酒吧，以老年爵士乐队的演出而闻名。沙逊阁，系饭店建造者英籍犹太人爱丽斯·维克多·沙逊先生的私人套房，现为饭店高级宴会厅。

图7-139

图7-140

图7-141

图7-142

图7-143

图7-144

龙凤厅电话亭采用圆穹顶，利用了中国古建筑中的声波回音原理。

## 七、南京金丝利喜来登酒店专题研究（见图 7-145 至图 7-148）

南京金丝利喜来登酒店位于南京市秦淮区，坐落在汉中路西端，是南京西大门的标志性建筑之一，地处南京市最繁华的商业、金融中心及购物区内，距南京禄口国际机场 35 分钟车程，酒店门口是民航班车通往机场的起点站和终点站。

南京金丝利喜来登酒店楼高 44 层，地下 3 层，地面总高 157.3 米，总建筑面积 78 900 平方米，有 350 套客房和 14 000 平方米酒店管理型的写字间，是国家旅游总局评定的五星级酒店，总造价（含前期费、开办费）7.6 亿人民币，在五星级酒店中，其经济性得到国家旅游总局的赞赏。

南京金丝利喜来登酒店由全球顶级酒店管理集团"喜达屋酒店管理集团"经营管理，地处南京 CBD，1998 年开业，南京市商业金融中心和最繁华的购物中心环绕酒店周围，环境优美，交通便利。酒店基础房型豪华间面积为 40 平方米，设施齐全，所有客房均配有高速宽带接口、保险箱、独立冲淋房等设备，更配有喜达屋酒店管理集团所特有的"甜梦之床"，能带给宾客无比的轻松与惬意。

图7-145

图7-146

图7-147

图7-148

## 八、厦门悦华酒店专题研究（见图7-149至图7-151）

　　厦门悦华酒店是厦门市唯一一家花园式顶级商务会议酒店，是国家旅游局评定的五星级酒店。悦华酒店一直致力于为宾客营造特有的"静、美、雅、温馨并具中国文化特色"的商旅居停环境。岛城厦门"一城如花半倚石，万点青山拥海来"。悦华酒店坐拥山川之利，"亭台楼阁接天碧，飞瀑流花匝地荫"。酒店建筑面积近20万平方米，庭院式的建筑形成都市绿洲。酒店里，无车马之喧，却有鸟语花香，亭台楼阁，绿树成荫。这一切让咫尺之隔的繁华都市悦若天涯。

图7-149

图7-150

图7-151

## 九、武汉江城明珠豪生大酒店专题研究（见图 7-152 至图 7-156）

　　江城明珠豪生大酒店是湖北省武汉市的一家五星级酒店，位于汉口沿江大道。江城明珠豪生大酒店楼高 43 层，拥有全武汉颇具特色的金色球顶。地处美丽的汉口江滩，与武汉市政府为邻，距离汉口最繁华的金融商业圈和娱乐中心仅咫尺之遥，并拥有独特的临江景观以及周边历史沉淀浓厚的租界文化。便利的交通，黄金的商业地段，使游客能够尽情徜徉江城武汉。

图7-152

图7-153

图7-154

图7-155

图7-156

[1] 周邦建 . 解析酒店：二十年实践与思考 [M]. 上海：同济大学出版社，2016.

[2] 胡亮，沈征 . 酒店设计与布局 [M]. 北京：清华大学出版社，2013.

[3] 卢小根，蔡忆龙 . 宾馆、酒店空间设计 [M]. 广州：岭南美术出版社，2011.

[4] 朱守训 . 酒店度假村开发与设计 [M]. 2 版 . 北京： 中国建筑工业出版社，2015.

[5] 王奕 . 酒店与酒店设计 [M]. 2 版 . 北京：中国水利水电出版社，2012.

[6] 陈剑秋，王健 . 酒店建筑设计导则 [M]. 北京： 中国建筑工业出版社，2016.

[7] 郭晓阳，孙佳娜 . 酒店空间室内设计与施工图 [M]. 北京：化学工业出版社，2013.

[8] 文健，周可亮，关未 . 酒店与旅馆空间设计与表现 [M]. 北京：北京交通大学出版社，2012.

[9] 谢海涛 . 酒店空间 / 名家设计案例精选 [M]. 北京：中国林业出版社，2016.

[10] 凤凰空间•天津 . 禅境酒店 [M]. 南京：江苏凤凰科学技术出版社，2016.

[11] 刘荣 . 民宿养成指南 [M]. 南京：江苏凤凰科学技术出版社，2018.

[12] 陈卫新 . 民宿在中国 [M]. 沈阳：辽宁科学技术出版社，2017.

[13] 叶斌，叶猛 . 室内设计图像模型——酒店 商业空间 [M]. 福州：福建科技出版社，2008.

[14] 马竹音 . 欧式酒店空间设计 [M]. 代伟楠，译 . 沈阳：辽宁科学技术出版社，2016.

[15] 潘谷西 . 中国建筑史 [M]. 7 版 . 北京：中国建筑工业出版社，2015.

[16] 陈志华 . 外国建筑史 [M]. 4 版 . 北京：中国建筑工业出版社，2010.

[17] 王受之 . 世界现代建筑史 [M]. 北京：中国建筑工业出版社，1999.

[18] 柳肃 . 古建筑设计理论与方法 [M]. 北京：中国建筑工业出版社，2011.

[19] 宗敏 . 绿色建筑设计原理 [M]. 北京：中国建筑工业出版社，2010.

[20] 蔡文明，刘雪 . 会展展示设计 [M]. 上海：华东师范大学出版社，2017.

[21] 蔡文明，刘雪 . Premiere/VR 景观视频剪辑与设计 [M]. 武汉：华中科技大学出版社，2017.

[22] 蔡文明，刘雪 . 小型建筑设计 [M]. 合肥：合肥工业大学出版社，2017.

[23] 蔡文明，武静 . 园林植物与植物造景 [M]. 南京：江苏凤凰美术出版社，2014.

[24] 蔡文明，杨宇 . 环境景观快题设计 [M]. 南京：南京大学出版社，2013.

[25] [美] 维克多•帕帕奈克 . 绿色律令：设计与建筑中的生态学和伦理学 [M]. 周博，赵炎，译 . 北京：中信出版社，2013.